EUROPA LEHRMITTEL

EUROPA-FACHBUCHREIHE
Verfahrenstechnik der Kunststoffberufe

Arbeitsblätter Kunststofftechnik

Lernfelder 1 bis 4

Lernsituationen mit Versuchen und Übungen

Autoren:
Küspert, Karl-Heinz — Hof
Lindenblatt, Gerhard — Wunsiedel
Morgner, Dietmar — Chemnitz
Rudolph, Ulrike — Sonneberg
Schmidt, Albrecht — Selbitz
Schwarze, Frank — Sonneberg

Lektorat:
Morgner, Dietmar — Chemnitz

Verlagslektorat:
Barth, Alexander — Haan

Bildbearbeitung:
Zeichenbüro des Verlages Europa-Lehrmittel, 73760 Ostfildern
Grafische Produktionen Jürgen Neumann, 97222 Rimpar

4. Auflage 2018, korrigierter Nachdruck 2021
Druck 5 4 3 2

Alle Drucke derselben Auflage sind parallel einsetzbar, da sie bis auf die Behebung von Druckfehlern identisch sind.

ISBN 978-3-8085-1476-4

Satz: Grafische Produktionen Jürgen Neumann, 97222 Rimpar
Umschlagfoto: Coperion Werner & Pfleiderer GmbH & Co. KG
Umschlag: Grafische Produktionen Jürgen Neumann, 97222 Rimpar
Druck: RCOM Print GmbH, 97222 Würzburg-Rimpar

VERLAG EUROPA-LEHRMITTEL · Nourney, Vollmer GmbH & Co. KG
Düsselberger Straße 23 · 42781 Haan-Gruiten

Europa-Nr.: 13842

Vorwort zur 4. Auflage des Arbeitsheftes

Die Arbeitsblätter sind für alle Auszubildenden im Bereich Kunststoff- und Kautschuktechnik geeignet, die über ein ausreichendes theoretisches Wissen verfügen und damit komplexe praktische Aufgabenstellungen lösen können.

Sie eignen sich zur Lehrstoffvermittlung und -festigung sowie zur Kontrolle. Die Arbeitsblätter sind für den handlungsorientierten Unterricht in der Berufsschule, im Berufsgrundbildungsjahr, in der Berufsfachschule und im technischen Gymnasium ausgelegt.

Die Themen der Arbeitsblätter entsprechen dem Rahmenlehrplan „Verfahrensmechaniker/Verfahrensmechanikerin für Kunststoff- und Kautschuktechnik". Die Basis für eine solide Ausbildung des Facharbeiternachwuchses aller Spezialisierungsrichtungen in der Kunststofftechnik wird im ersten Ausbildungsjahr mithilfe der Lernfelder 1 bis 4 geschaffen:

- **Lernfeld 1: Werkstoffe nach anwendungsbezogenen Kriterien auswählen**
- **Lernfeld 2: Bauelemente aus berufsbezogenen Werkstoffen herstellen**
- **Lernfeld 3: Einfache Baugruppen herstellen**
- **Lernfeld 4: Anlagenbezogene Steuerungstechnik anwenden**

Die Lehrplaninhalte der vier Lernfelder werden durch praxisorientierte Problemstellungen vermittelt. Handlungsorientierte Aufgabenstellungen sind das Hauptanliegen der Arbeitsblätter.

Für Bundesländer, die die ausgewiesenen Unterrichtsstunden des Rahmenlehrplanes aller Lernfelder mit fachpraktischen Lerninhalten ergänzen, sind im Anschluss an den fachtheoretischen Teil der Lernsituationen geeignete Versuche und Übungen aufgeführt.

Dem neuen Lehrplan, erlassen zum 22.03.2015, in der Berufsausbildung zum Verfahrensmechaniker Kunststoff- und Kautschuktechnik und zur Verfahrensmechanikerin Kunststoff- und Kautschuktechnik wurde der Inhalt der Themen im Arbeitsheft angepasst.

Für Bundesländer **ohne** festgelegte Unterrichtsstunden für praxisorientierte Versuche und Übungen eignen sich die Aufgabenstellungen der Versuche und Übungen als Demonstrationsversuche zur verbesserten Wissensvermittlung und Erkenntnisbildung, gekennzeichnet durch das Symbol .

In der **4. Auflage** wurde bei der Korrektur auf eine Übereinstimmung mit dem **Tabellenbuch Kunststofftechnik 2. Auflage** geachtet, die bewährte Darstellung der Lernfelder entsprechend des Rahmenlehrplanes war dafür die Grundlage.

Die gezielte Verwendung von Fach- und Tabellenbüchern unterstützt den Erwerb von fachlichem Wissen und Können. Im symbolisierten Merkfeld können die ermittelten Seitenangaben eingetragen werden.

Aus dem Firmenverzeichnis auf der Seite 136 sind die Bezugsquellen für die Übungsstücke ersichtlich.

Der Verlag und die Autoren der Arbeitsblätter Kunststofftechnik sind für Anregungen und kritische Hinweise, die der Verbesserung der folgenden Auflagen dienen, dankbar. Verbesserungsvorschläge können dem Verlag und somit dem Autorenteam über

lektorat@europa-lehrmittel.de zugestellt werden.

Für die umfangreiche und kompetente Unterstützung danken wir allen Unternehmen, Verbänden und Institutionen, die uns mit zahlreichen praxisbezogenen Unterlagen bei der Erarbeitung des Arbeitsheftes unterstützt haben.

Autoren und Verlag

Frühjahr 2018

Technologische Grundlagen

Lernfeld 1 Werkstoffe nach anwendungsbezogenen Kriterien auswählen

Lernfeld 2 Bauelemente aus berufsbezogenen Werkstoffen herstellen

Inhalte nach Lernfeldern

Lernfeld 3 Einfache Baugruppen herstellen

Lernfeld 4 Anlagenbezogene Steuerungstechnik anwenden

EUROPA LEHRMITTEL

Lehrplaninhalte

Einteilung der Werkstoffe

Nichteisenmetalle

Eisenmetalle

Atommodell, Molekülstruktur, Bindungsarten

Volumen, Masse und Dichte

Additive

SI-Einheiten

Thermoplaste, Duroplaste, Elastomere

Zustandsdiagramme

Haupt- und Nebenvalenzkräfte

Chemische und physikalische Eigenschaften

Polymerisation, Polykondensation, Polyaddition

Werkstoffnormung, Kunststofferkennung

Arbeits- und Umweltschutz

Lernsituation Personenkraftwagen

Werkstoffe nach anwendungsbezogenen Kriterien auswählen

Projekt: Pkw

Beschreibung der Lernsituation

Kraftfahrzeuge bestehen aus einer Vielzahl von Bauteilen und Baugruppen. Sie sind aus unterschiedlichen konventionellen und modernen Werkstoffen hergestellt. Um eine fertigungsgerechte Auswahl der eingesetzten Materialien treffen zu können, sind Kenntnisse über Eigenschaften und Merkmale der Werkstoffe erforderlich.

Aufgaben

1. Die spezifischen Eigenschaften und Anwendungen der Werkstoffe sind zu strukturieren und zu ordnen. In Versuchen werden die ausgewählten Werkstoffe hinsichtlich der festgelegten Kriterien untersucht und die Ergebnisse protokolliert.

   ◆ Ordnen Sie die die Kategorien den Werkstoffen am Kraftfahrzeug zu!

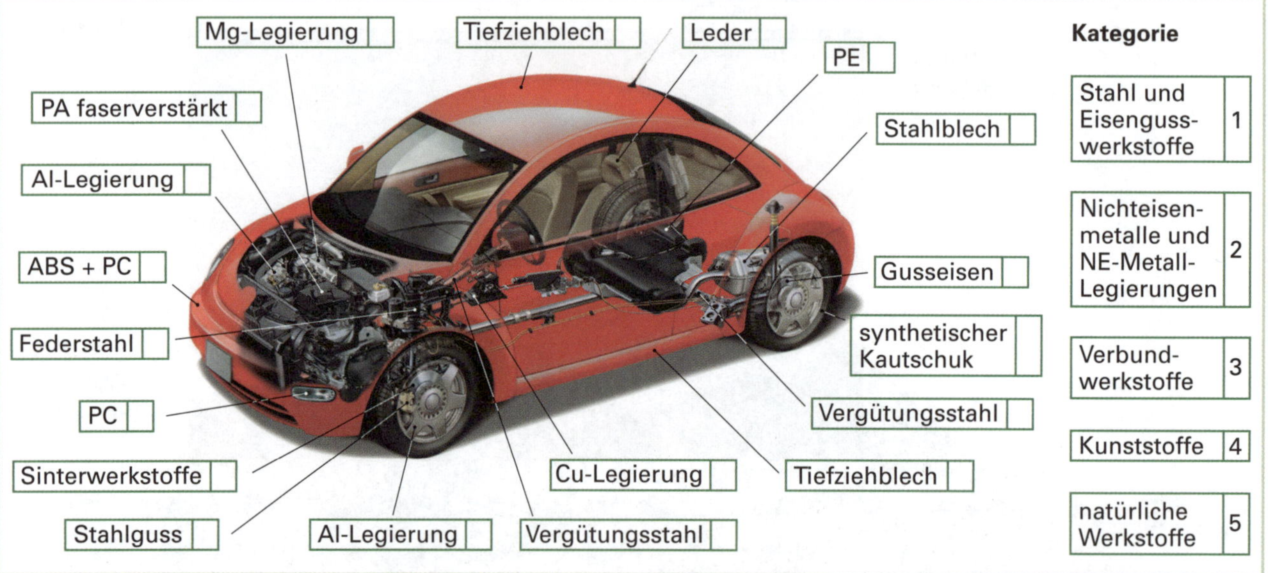

◆ Ergänzen Sie die Tabelle bezüglich der Unterscheidung nach Eisenmetallen, Nichteisenmetallen und Kunststoffen, Werkstoffart und Verwendung im Kraftfahrzeug. Verwenden Sie dazu die obige Abbildung!

Werkstoffübersicht

Metalle	Unterscheidung	Werkstoffart	Verwendung/Beispiele
Eisenmetalle	Eisengusswerkstoffe		
	Stahl		
Nichteisenmetalle	Dichte ≤ 5 g/cm³		
	Dichte > 5 g/cm³		
Nichtmetalle	**Unterscheidung**	**Werkstoffart**	**Verwendung/Beispiele**
Kunststoffe			

2. Am Beispiel des Pkw sollen die verschiedenen Werkstoffeigenschaften und deren Einsatz näher untersucht werden.

◆ Ordnen Sie den aufgeführten Werkstoffeigenschaften jeweils charakteristische Werkstoffkenngrößen zu!

Eigenschaften	physikalisch	mechanisch-technologisch	fertigungs-technisch	chemisch-technologisch	umwelt-verträglich
Kenngröße					

Physikalische Eigenschaften

3. Die Karosserie eines Fahrzeuges ist hohen mechanischen Belastungen ausgesetzt. Sie muss sowohl stabil als auch möglichst leicht sein.

◆ Was verstehen Sie unter der physikalischen Werkstoffeigenschaft Dichte?

◆ Geben Sie die Gleichung zur Berechnung der Dichte und deren Einheiten an.

Gleichung		Einheiten
Dichte =		

◆ Ermitteln Sie die fehlenden Werte in der Tabelle!

Werkstoffe (Metalle)	Dichte (g/cm³)	Werkstoffe (Kunststoffe)	Dichte (g/cm³)	Werkstoffe (Kunststoffe)	Dichte (g/cm³)
Aluminium		ABS		PA	
Blei		PVC-U		PMMA	
Kupfer		PE-LD		PF	
Stahl, unlegiert		PE-HD		SB	
Zink		PTFE		PP	

◆ Welche Kantenlänge hat ein Würfel mit einer Masse von 1 kg aus unlegiertem Stahl im Vergleich zu einem Würfel aus PVC-U?

Berechnung: Stahlwürfel	Berechnung: PVC-Würfel

4. An einem Pkw sind viele unterschiedliche Werkstoffe kraft- oder formschlüssig miteinander verbunden. Sie dehnen sich bei Erwärmung unterschiedlich aus. Wird diesem Verhalten bei der Konstruktion ungenügend Beachtung geschenkt, kann es beim Betrieb, z. B. an der Karosserie, zu Klapper- bzw. Knarrgeräuschen kommen.

◆ Wie heißt die physikalische Größe, mit deren Hilfe dieses Materialverhalten beschrieben wird?

____

◆ Wie verhält sich ein Bauteil aus Stahl im Vergleich zu einem Bauteil aus Kunststoff bei Erwärmung?

____

____

____

Mechanisch-technologische Eigenschaften

5. Viele Teile eines Kraftfahrzeuges, insbesondere der Antriebsstrang und die Karosserie, werden bei Beschleunigungs- und Bremsvorgängen durch mechanische Spannungen beansprucht. Um die Fahrstabilität und den Gebrauchswert über die gesamte Lebensdauer zu erhalten, muss eine entsprechende Werkstoffauswahl getroffen werden.

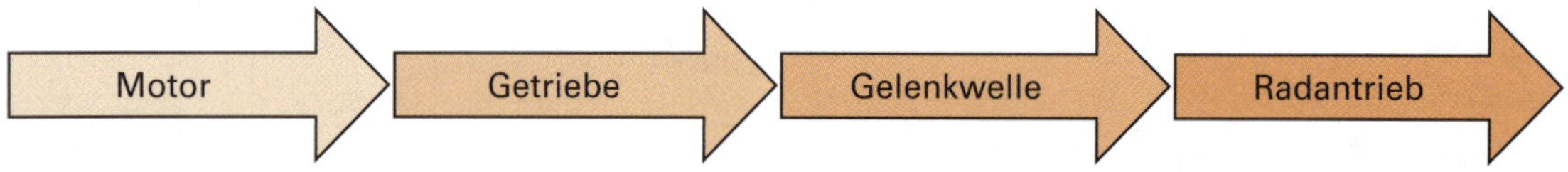

◆ Ordnen Sie die nachfolgend genannten mechanischen Belastungsarten Zug, Druck, Scherung, Biegung, Verdrehung (Torsion) und Knickung zu!

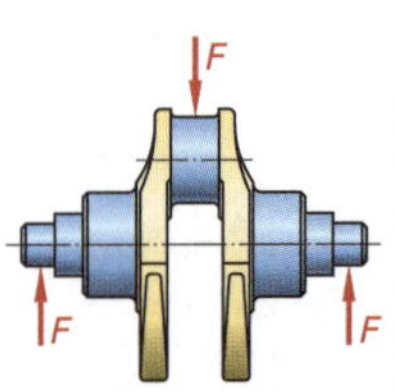	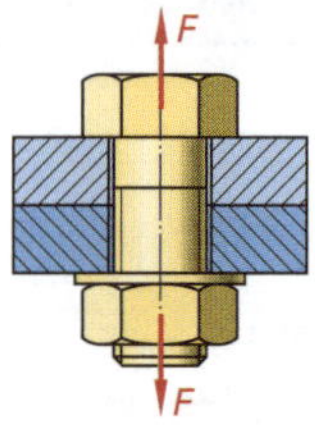	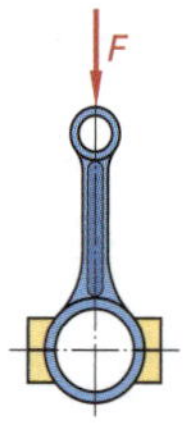	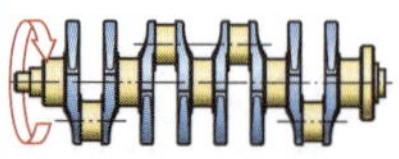	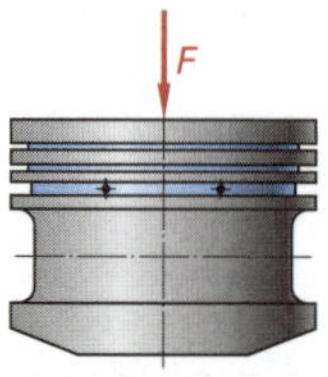	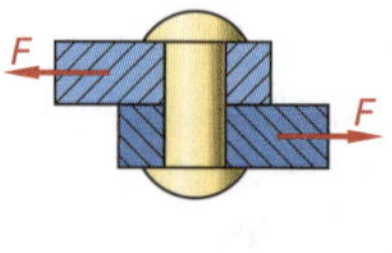

6. Abhängig davon, in welche Richtung die Kräfte auf ein Bauteil einwirken, entstehen die verschiedenen Belastungsarten. Für jede Belastungsart hat ein Werkstoff eine maximale Belastungsgrenze (Festigkeit).

◆ Wie berechnet sich die Zugspannung σ_Z und welche physikalische Einheit besitzt sie?

Formel:	Einheit:

◆ Was geben die Streckgrenze R_e und die Zugfestigkeit R_m eines Werkstoffes an?

____

____

____

____

____

7. Bei Schrauben wird die Festigkeitsklasse durch zwei Zahlen z. B. 10.9 und bei Muttern durch eine Zahl angegeben. Wegen der Gefahr einer bleibenden Dehnung darf die Mindeststreckgrenze R_e nicht überschritten werden.

◆ Was ist mit der im Vordergrund dargestellten Schraube passiert und welche Folgen hat dies?

____
____
____
____
____
____
____

◆ Ermitteln Sie die Festigkeitswerte!

Bauteil	Angaben	Festigkeitswerte
Schraube	10.9	10: ______ R_m = ______
		10/9: ______ R_e = ______
	12.9	12: ______ R_m = ______
		12/9: ______ R_e = ______
Mutter	10	10: ______ R_m = ______

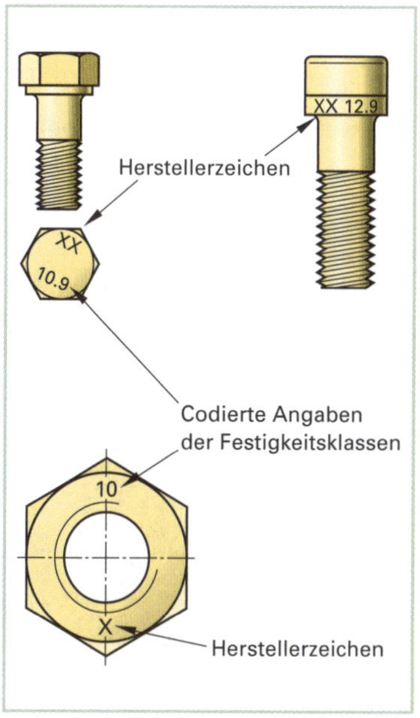

Fertigungstechnische Eigenschaften

8. Die fertigungstechnischen Eigenschaften beschreiben die Eignung der Werkstoffe für verschiedene Fertigungsverfahren.

◆ Welche fertigungstechnischen Eigenschaften sind für die dargestellten Fertigungsverfahren erforderlich?

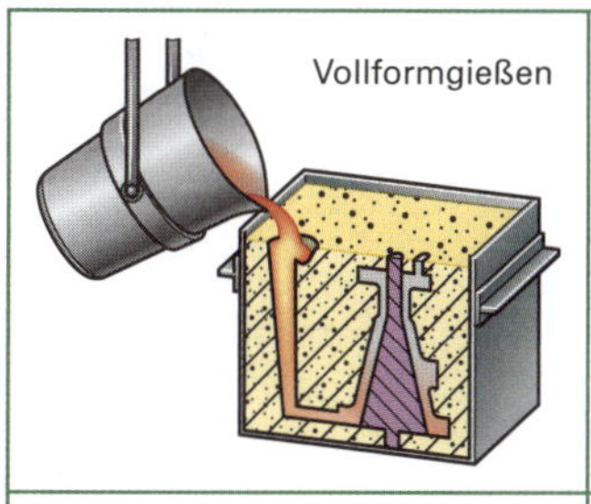	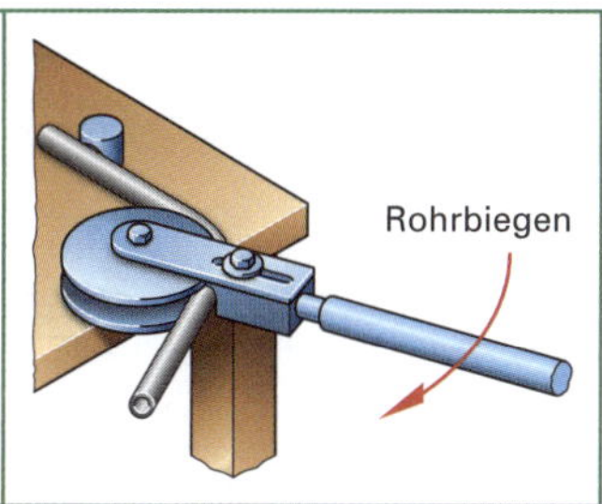	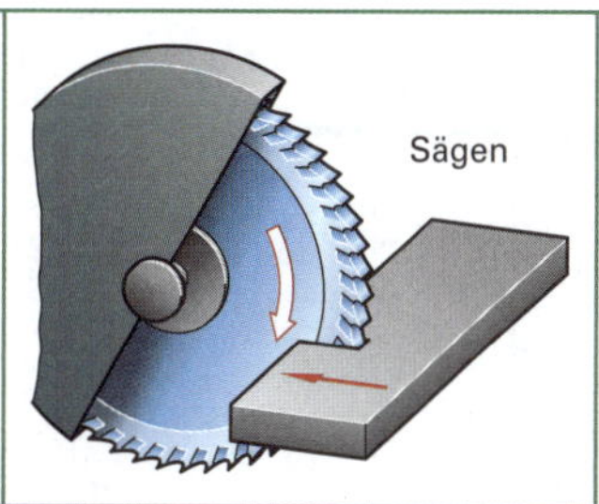	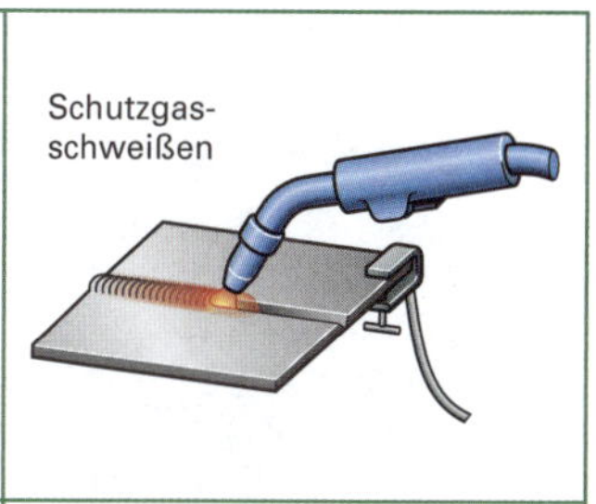
______	______	______	______

Chemisch-technologische Eigenschaften

9. Auch bei bester Pflege und Wartung unterliegt ein Kraftfahrzeug zahlreichen Umwelteinflüssen und aggressiven Wirkmedien, welche die Lebensdauer herabsetzen. Die Werkstoffauswahl muss deshalb optimiert werden.

◆ Welche Einflüsse auf den Werkstoff sind hier angesprochen?

	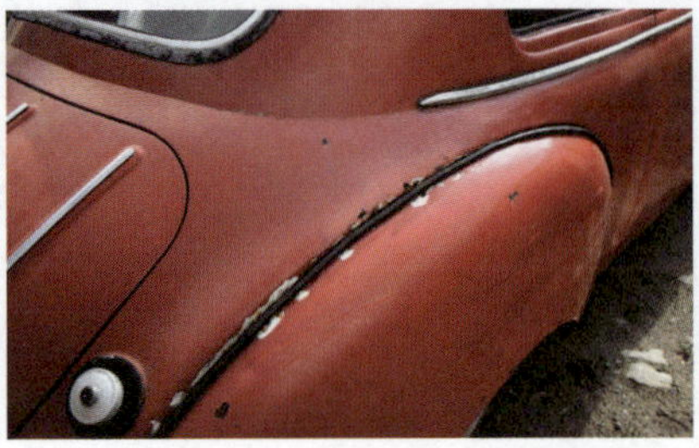	

Umweltverträglichkeit

10. Neben den klassischen Werkstoffeigenschaften spielen heute immer mehr ökologische Gesichtspunkte eine wichtige Rolle. Der Energieaufwand bei der Herstellung, im Betrieb sowie die verwendeten Werk- und Hilfsstoffe belasten die Umwelt mehr oder weniger. Schon bei der Konstruktion eines Pkws müssen umweltschädigende Einflüsse beim Betreiben und auch die spätere sortenreine Entsorgung berücksichtigt werden.

◆ Nennen Sie umweltbelastende Stoffe während der einzelnen Lebensabschnitte eines Fahrzeuges!

Herstellung	Gebrauch	Entsorgung
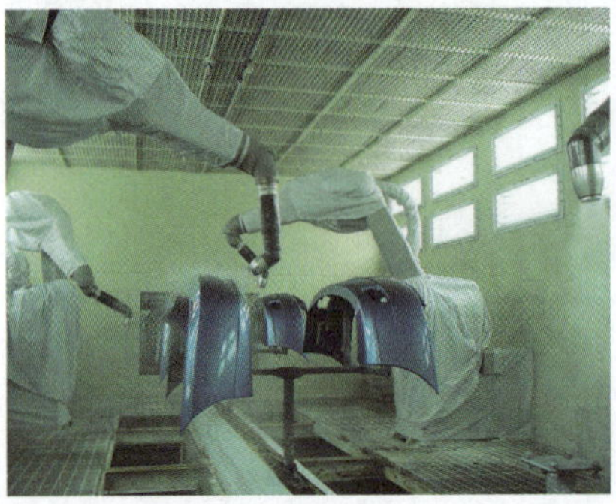		

◆ Welche Möglichkeiten der Verwertung von Werkstoffen am Beispiel der Kunststoffe sind in der Übersicht dargestellt. Wodurch sind sie gekennzeichnet?

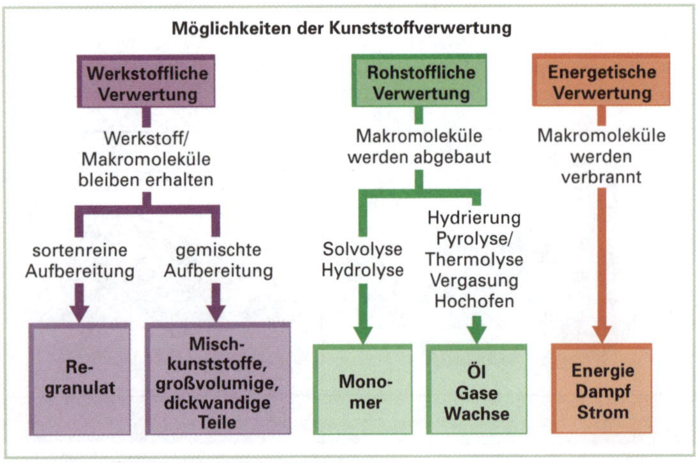

1. ______________________

2. ______________________

3. ______________________

Grundlagen der Werkstofftechnik

11. Am Beginn des Werkstoffkreislaufes stehen die Naturstoffe, die durch den Menschen genutzt und dabei verändert werden.

◆ Vervollständigen Sie die Tabelle!

Stoffart	Beschreibung	Beispiele
Naturstoff	In der Natur vorkommende Stoffe	______
______	Naturstoff, an dem menschliche oder maschinelle Arbeit verrichtet wurde	geschlagenes Holz, gefördertes Erdöl, abgebaute Kohle, gewonnene Latexmilch, abgebaute Erze
______	Für die Konstruktion nützlicher Stoff mit günstigen mechanischen oder physikalischen Eigenschaften, guter Verarbeitbarkeit und Wirtschaftlichkeit in der Beschaffung und Entsorgung	______
Fertigprodukt	______	______

◆ Welche Bedeutung haben Hilfsstoffe und Energien für den Fertigungsprozess und wie gehen diese in die Gesamtkosten für ein Fertigprodukt ein? Nennen Sie einige Beispiele!

______

______

______

______

12. Die Anzahl der verfügbaren Werkstoffe nimmt ständig zu. Daraus erwächst die Notwendigkeit einer ordnenden und systematischen Einteilung.

◆ Ordnen Sie die nachfolgend genannten Werkstoffe einer der drei Hauptgruppen durch Ankreuzen zu!

Hauptgruppe / Werkstoff	Metall	Nichtmetall		Verbundwerkstoff
		anorganisch	organisch	
Werkzeugstahl				
Holzmehl				
Polyvinylchlorid				
Naturkautschuk				
C-Faser-verstärktes Epoxidharz				
Hartmetall				
Melamin-Formaldehyd-Harz				
Diamant				

13. Der Einsatz von Kunststoffen im modernen Kraftfahrzeugbau gewinnt immer mehr an Bedeutung. Trotzdem ist es nicht immer möglich, Eisenmetalle und Nichteisenmetalle (Leicht- und Schwermetalle) durch kostengünstigere Werkstoffe und Werkstoffkombinationen komplett zu ersetzen.

◆ Ordnen Sie den in der Tabelle genannten Werkstoffeigenschaften Bauteile oder Baugruppen eines Pkws zu. Verwenden Sie dazu die Abbildung von Aufgabe 1!

Werkstoffeigenschaft	**Verwendung**	**verwendbarer Werkstoff**
gute elektrische Leitfähigkeit		
gute Wärmeleitfähigkeit		
gute Gießbarkeit		
gute Umformbarkeit		
gute Korrosionsbeständigkeit		
gute elastische Verformbarkeit		

14. Um bestimmte Werkstoffeigenschaften zu erhalten, werden dem Stahl gezielt Legierungselemente zugefügt. Aus reinen Nichteisenmetallen entstehen durch Zulegieren anderer Metalle Knet- und Gusslegierungen. Dabei kann die gewollte Verbesserung einer Eigenschaft zur Verschlechterung einer anderen führen.

◆ Ergänzen Sie die folgende Tabelle!

Wichtige Legierungselemente für Stähle und Eisenguss-Legierungen			
Legierungs-element	**werkstoff- oder fertigungstechnische Eigenschaft** **verbessert wird die**	**vermindert wird die**	**Anwendung**
Kohlenstoff (C)	Härtbarkeit	Schweißbarkeit	Vergütungsstahl
Schwefel (S)			
Molybdän (Mo)			
Chrom (Cr)			
Wichtige Legierungselemente für Aluminiumguss- und -knet-Legierungen			
Silizium (Si)			
Magnesium (Mg)			
Kupfer (Cu)			
Titan (Ti)			

15. Bei der Kennzeichnung von Werkstoffen aller Art verwendet man entweder Kurznamen oder Werkstoffnummern.
   - Welchen Sinn und Zweck hat eine solche Kurzbezeichnung und worüber gibt sie Auskunft?

16. Die normgerechte Bezeichnung der Stähle nach Kurznamen erfolgt auf Basis der DIN EN 10027.
   - Welche zwei Bezeichnungssysteme werden unterschieden?

Hauptgruppe 1:

Hauptgruppe 2:

   - Erklären Sie die Stahlbezeichnungen und bestimmen Sie die werkstofftypischen Eigenschaften bzw. Kenngrößen!

Unlegierter Baustahl, warmgewalzt (DIN EN 10025-2)	Kenngrößen, Eigenschaften, Verwendung	Anwendungsbeispiel
S 275 J0	R_m = A =	

Kaltarbeitsstahl, unlegiert (DIN EN ISO 4957)	Kenngrößen, Eigenschaften, Verwendung	Anwendungsbeispiel
C 60 E	Härtetemperatur: Anlasstemperatur:	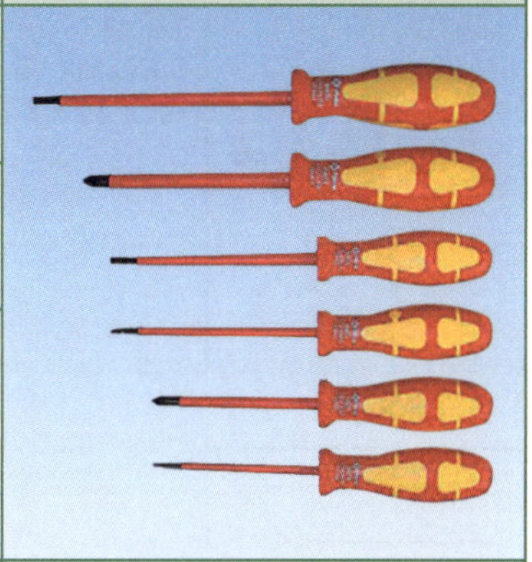

Einsatzstahl, legiert (DIN EN 10084)	Kenngrößen, Eigenschaften, Verwendung	Anwendungsbeispiel
17 Ni Cr Mo 6-4	R_m	

Schnellarbeitsstahl (DIN EN ISO 4957)	Kenngrößen, Eigenschaften, Verwendung	Anwendungsbeispiel
HS6-5-2-5 ______ ______ ______ ______	Härtetemperatur: ______ Härte: ______ ______ ______	

Nichtrostende Stähle (DIN EN 10088)	Kenngrößen, Eigenschaften, Verwendung	Anwendungsbeispiel
X2 Cr Ni 18-9 ______ ______ ______ ______	R_m = ______ ______ ______ ______ ______	

17. Der Rohstahl wird durch verschiedene Umformverfahren, wie Walzen, Strangpressen oder Tiefziehen zu Halbzeugen weiterverarbeitet. Es entstehen Form- und Stabstähle, Rohre und Hohlprofile, Bleche, Bänder und Drähte.

◆ Ergänzen Sie die fehlenden Angaben für Stabstahl und Stahlblech!

Handelsform	Genormte Kurzbezeichnung	
Stabstahl 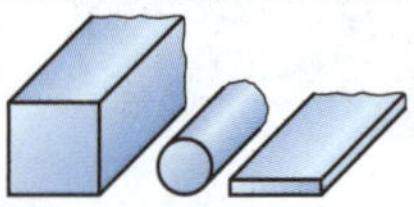	**Vierkant EN 10059 – 12-5000** **F Stahl EN 10025 – S275J0**	Seitenlänge *a*: ______ Stahlsorte: ______ ______ Längenbezogene Masse *m´*: ______
Formstahl 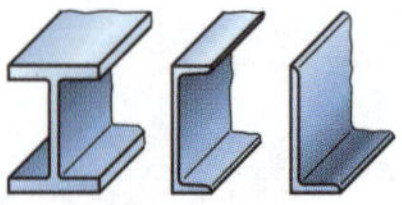	**L EN 10056-1 –** **60 x 40 x 5 – S235J0**	Seitenlänge *a*: ______ Schenkellänge *b*: ______ Erzeugnisdicke *t*: ______ Querschnittsfläche *S*: ______ Längenbezogene Masse *m´*: ______ Lage der neutralen Faser: e_x: ______ e_y: ______ Stahlsorte: ______ ______
Stahlblech 	______ ______	Euro-Norm: DIN EN 10130 Werkstoff des Bleches: DC04 Oberflächenart: A Oberflächenausführung: g

◆ Berechnen Sie mit Hilfe der flächenbezogenen Masse m'' die Masse von 5 Blechtafeln aus: **Blech EN 10030 – 2,5 x 1250 x 2500 – DC03 – B – m!**

18. Nichteisenmetalle dienen im Kraftfahrzeugbau der Gewichtsersparnis, als Legierungsmetall, dem Schutz vor Korrosion oder als katalytisch aktive Schichten.

- Was sind Nichteisenmetalle?

- Wann ist der Einsatz von Nichteisenmetallen erforderlich?

- Ordnen Sie die Leicht- und Schwermetalle und deren Legierungen den Eigenschaften zu!
  Al, Be, Pb, Mg, Ti, Cu, Zn, Sn, Ag, Ni, Cr sowie Al-, Cu-, Zn- und Sn-Legierungen.

Eigenschaften	NE-Metalle und NE-Metalllegierungen
niedrige Dichte	
niedriger Schmelzpunkt	
gute Leitfähigkeit für Wärme und Elektrizität	
Korrosionsbeständigkeit	
gute Gleiteigenschaften	

- Erklären Sie die folgenden Kurzbezeichnungen!

EN-AW-AlSi12:

G-CuZn36:

- Was versteht man unter „Legieren"?

- Warum werden die meisten NE-Metalle nicht als Reinmetalle, sondern als Legierungsmetalle eingesetzt?

19. Bei Verbundwerkstoffen sind die Einzelstoffe nicht wie bei Legierungen ineinander gelöst.

- Nennen Sie Beispiele für Kraftfahrzeugteile aus Verbundwerkstoffen!

Faserverstärkter Werkstoff	Teilchenverstärkter Werkstoff	Durchdringungsverbund	Schichtverbund	Strukturverbund
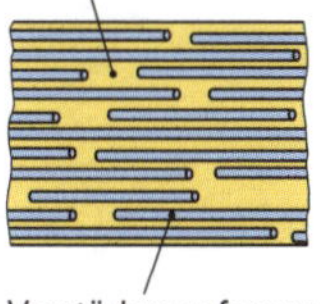	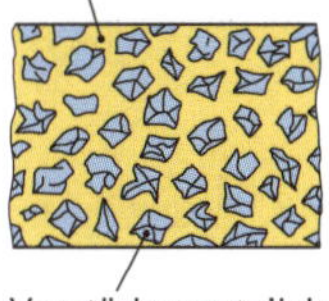	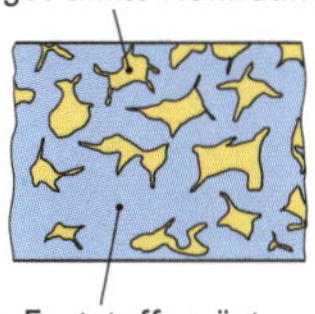	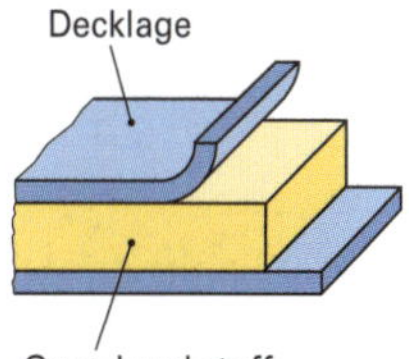	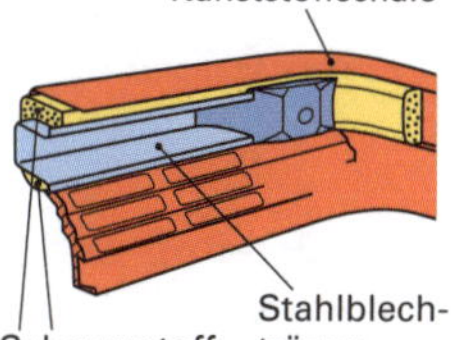

Grundlagen der Kunststofftechnik

20. Durch die Verwendung von Bauteilen aus Kunststoff kann die Fahrzeugmasse verringert und somit Kraftstoff eingespart werden. Gleichzeitig verbessert sich die Korrosionsbeständigkeit von Bauteilen und Baugruppen.

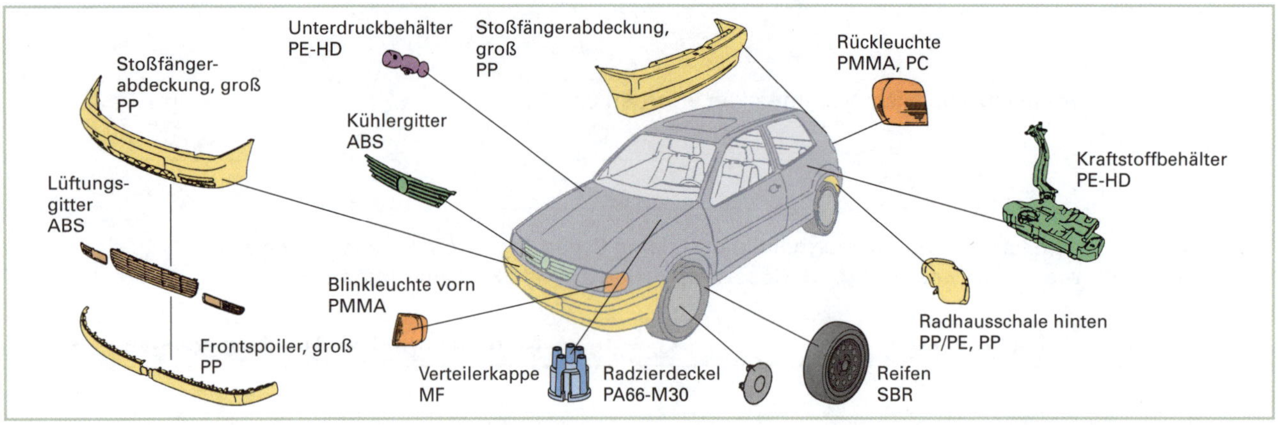

◆ Stellen Sie in einem Kreisdiagramm die Gewichtsanteile in Prozent der Werkstoffe grafisch dar, die in einem Kraftfahrzeug eingesetzt werden! Kennzeichnen Sie die Werkstoffe im Kreisdiagramm farblich!

Werkstoff	Gewichts-prozente	Winkelgrade
Stahl	70 %	
Thermoplaste	6 %	
Duroplaste	2 %	
Elastomere	9 %	
NE-Metalle	6 %	
Sonstige	7 %	

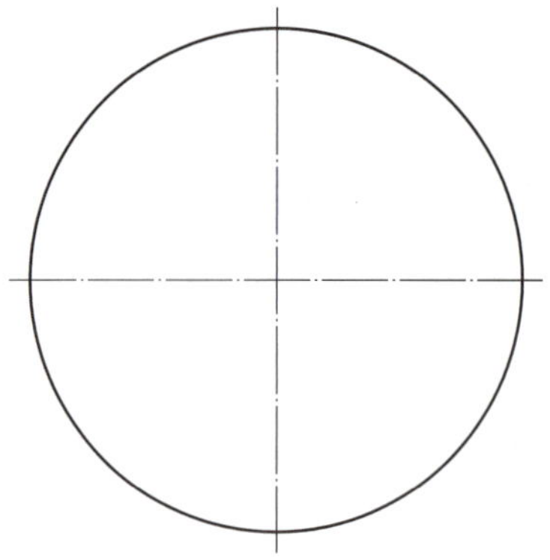

◆ Was sind Kunststoffe und wie werden sie hergestellt?

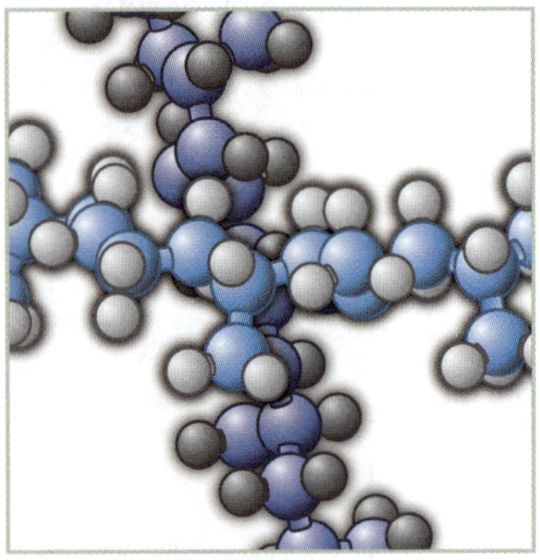

21. **Kohlenstoff** und **Wasserstoff** sind die Hauptbestandteile der Kunststoffe. Anstelle von Wasserstoff können auch andere Elemente am Aufbau beteiligt sein.

◆ Welche weiteren chemischen Elemente können am Aufbau von Kunststoffen beteiligt sein?

Von den zurzeit bekannten Kunststoffen gibt es keinen, der alle acht chemischen Elemente gleichzeitig enthält.

EUROPA LEHRMITTEL

22. Kunststoffe besitzen gegenüber anderen Konstruktionswerkstoffen viele vorteilhafte, aber auch nachteilige Eigenschaften.

◆ Ordnen Sie die folgenden Eigenschaften in der Tabelle zu!

Geringe Dichte, geringe thermische Leitfähigkeit, geringe Temperaturbeständigkeit, Brennbarkeit, niedrige Verarbeitungstemperatur, großer Längenausdehnungskoeffizient, hohe chemische Beständigkeit, gute Einfärbbarkeit, hoher Oberflächenglanz, hohe Dehnbarkeit, geringe mechanische Festigkeit, geringe Formbeständigkeit unter Krafteinwirkung, physiologische Unbedenklichkeit, elektrostatische Aufladung, niedrige elektrische Leitfähigkeit.

Vorteilhafte Eigenschaften	Nachteilige Eigenschaften

23. Das chemische Element Kohlenstoff ist der Grundbaustein aller organischen Verbindungen und somit hauptsächlich am Aufbau der Kunststoffe beteiligt.

◆ Ermitteln Sie mithilfe des Periodensystems der Elemente die fehlenden Angaben für das Kohlenstoffatom und ergänzen sie die Darstellung!

Hauptgruppe: ____________

Ordnungszahl: ____________

Periode: ____________

Anzahl der Protonen: ____________

Anzahl der Neutronen: ____________

Gesamtzahl der Elektronen: ____________

Anzahl der Elektronen auf der K-Schale: ____________

Anzahl der Elektronen auf der L-Schale: ____________

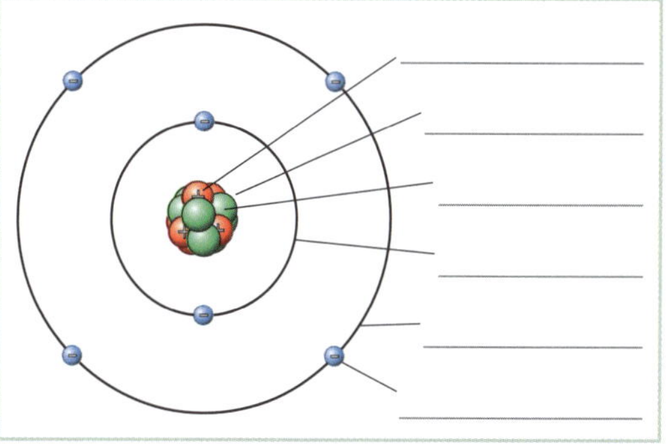

24. Durch die Anzahl der freien Elektronen auf der zuletzt belegten Schale ist auch die Wertigkeit des Kohlenstoffs festgelegt. Das C-Atom kann mit anderen Atomen oder mit anderen C-Atomen Bindungen eingehen. Zeichnerisch erfolgt die Darstellung mit Bindungsarmen (Valenzen).

◆ Ergänzen Sie die Tabelle!

Chem. Bezeichnung	Alkane	Alkene	Alkine
			Arine
Bindungsart		Doppelbindung	
Sättigung	gesättigt		
Allgemeine Bildungsformel		C_nH_{2n}	
Summenformel für Verbindung mit 2 C-Atomen			
Strukturformel für Verbindung mit 2 C-Atomen			H–C≡C–H
Name			Ethin (Azetylen)

25. Neben den kettenförmigen Kohlenwasserstoffverbindungen existieren die ringförmigen Kohlenwasserstoffverbindungen, die Aromate.

◆ Nennen Sie Beispiele für Kunststoffe mit ringförmigem Molekülaufbau!

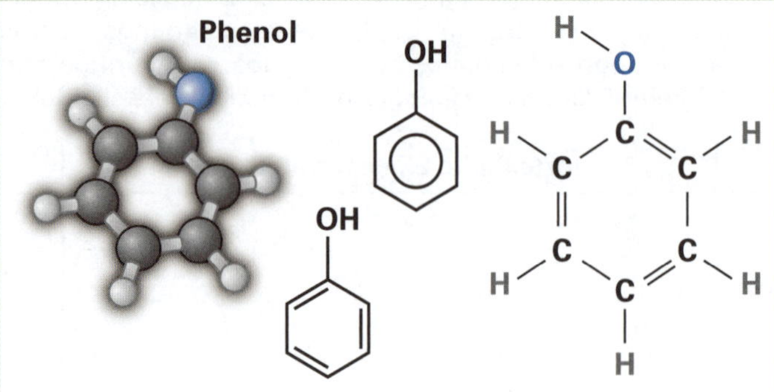

26. Moleküle mit Doppelbindungen sind überaus reaktionsfreudig, das heißt, die Doppelbindungen sind instabil und neigen schon bei geringster Veränderung ihrer Existenzbedingungen zum Aufspalten und Aneinanderlagern zu Einzelbindungen (Polymerisation).

◆ Wovon ist die Anordnung der Einzelmoleküle in der Kette abhängig?

◆ Was versteht man unter dem Polymerisationsgrad *n*?

27. Die Anordnung der Molekülketten kann linear, verzweigt, engmaschig oder weitmaschig vernetzt sein. Grundlegende Kunststoffeigenschaften wie Festigkeit, Dehnung, Elastizität, Härte, chemische Beständigkeit, Quellbarkeit oder Gasdurchlässigkeit sind durch den unterschiedlichen Aufbau erklärbar.

◆ Skizzieren Sie die Kettenstruktur der Makromoleküle und ordnen Sie die Kunststoffgruppen zu. Nennen Sie jeweils einen Vertreter der Kunststoffe sowie charakteristische Eigenschaften für die Kunststoffgruppe!

Molekülform	linear (fadenförmig)	verzweigt (strauchförmig)	engmaschig vernetzt	weitmaschig vernetzt
Skizze				
Kunststoffgruppe				
Allgemeine Eigenschaften				
Beispiele				

28. An die in einem Kraftfahrzeug eingesetzten Kunststoffe werden verschiedene mechanische, thermische, chemische und elektrische Anforderungen gestellt. Die geforderten Eigenschaften können nicht von einem Kunststoff sondern nur von verschiedenen Kunststoffgruppen oder Kunststoffkombinationen erfüllt werden.

◆ Ergänzen Sie die Tabelle!

Kunststoffgruppe	**Thermoplaste**		**Duroplaste**	**Elastomere**
Ordnungszustand				
Vernetzung				
Skizze				**unbelastet:** **belastet:**
Beschreibung der Anordnung der Molekülketten				
spezifische Eigenschaften der Kunststoffgruppe				
Beispiele (Kurzbezeichnungen)				
Anwendung am Kraftfahrzeug				

29. Das thermische und mechanische Verhalten der Kunststoffe wird überwiegend von den Bindungskräften, den sogenannten Haupt- und Nebenvalenzkräften, bestimmt. Während bei den Duroplasten und Elastomeren die Hauptvalenzkräfte eigenschaftsbestimmend sind, dominieren bei den Thermoplasten die Nebenvalenzkräfte.

◆ Was sind Hauptvalenzkräfte?

◆ Was sind Nebenvalenzkräfte?

Einfluss auf die Kunstoffeigenschaften

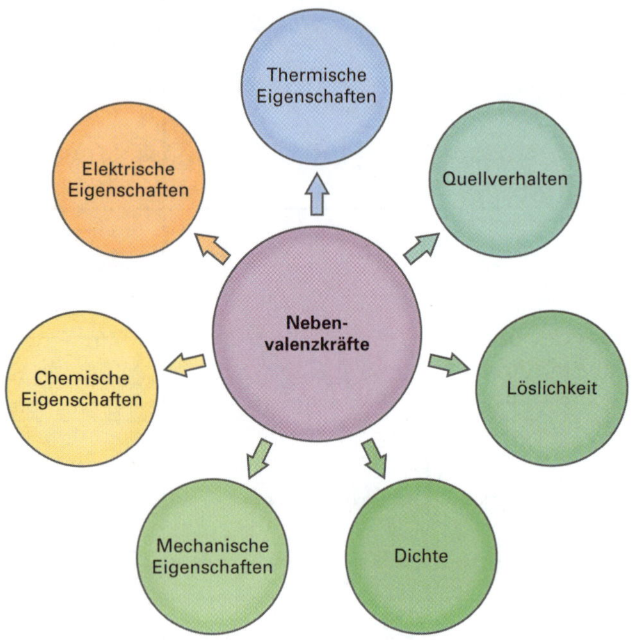

30. Der Anteil von Kunststoffen, insbesondere der von Thermoplasten, nimmt im modernen Fahrzeugbau ständig zu. Ihr Einsatz beschränkt sich auf Bereiche mit geringerer oder kurzzeitiger Wärmeentwicklung. Die Kunststoffe besitzen eine deutlich geringere Wärmebeständigkeit im Vergleich zu Metallen, Keramik und Glas.

◆ Woraus lassen sich die Verhaltensweisen der amorphen und teilkristallinen Thermoplaste ableiten?

◆ Wie verhalten sich die Molekülketten unterhalb und oberhalb des Fließtemperaturbereiches?

31. Für den Kunststoffverarbeiter und -anwender ist es wichtig, die Eigenschaften und Zustände bei Änderung der Temperatur zu kennen. Entscheidend sind vor allem die Zugfestigkeit σ_M und die Höchstdehnung ε_M in Abhängigkeit von der Temperatur. Diese Zusammenhänge werden im Zustandsdiagramm dargestellt.

◆ Ergänzen Sie die Bezeichnungen für das Zustandsdiagramm amorpher Thermoplaste!

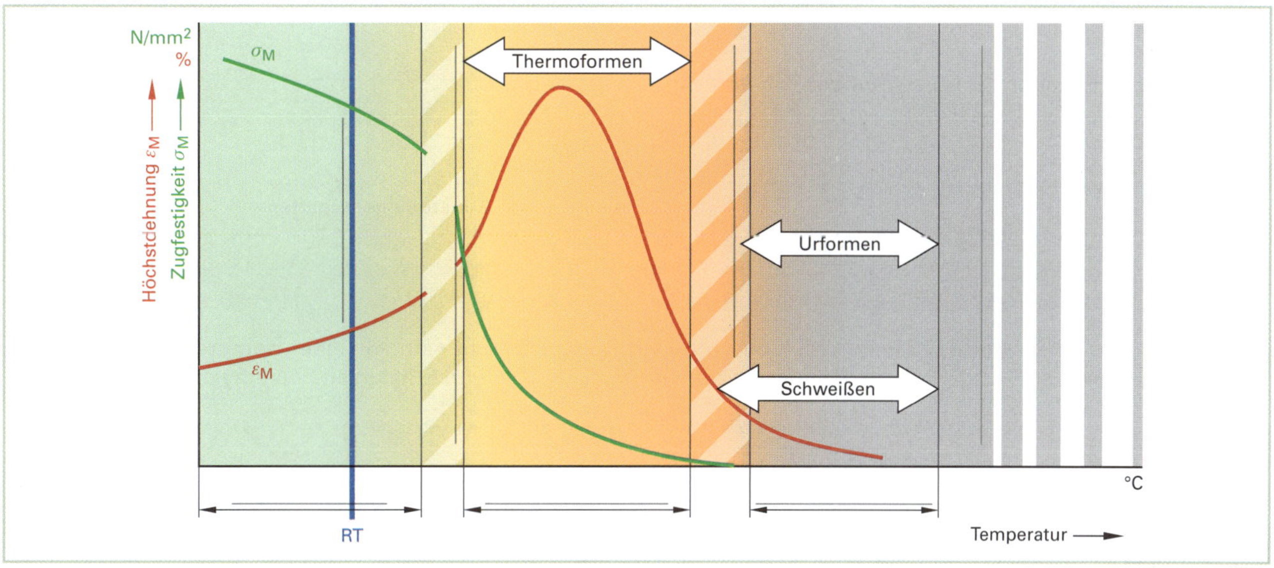

◆ Ergänzen Sie die Zustandsdiagramme für Duroplaste und Elastomere! Welches Festigkeits- und Dehnungsverhalten können Sie aus dem Kurvenverlauf ableiten?

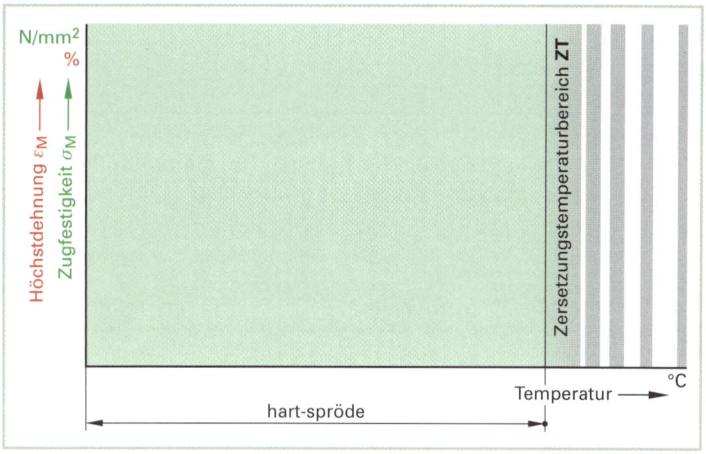

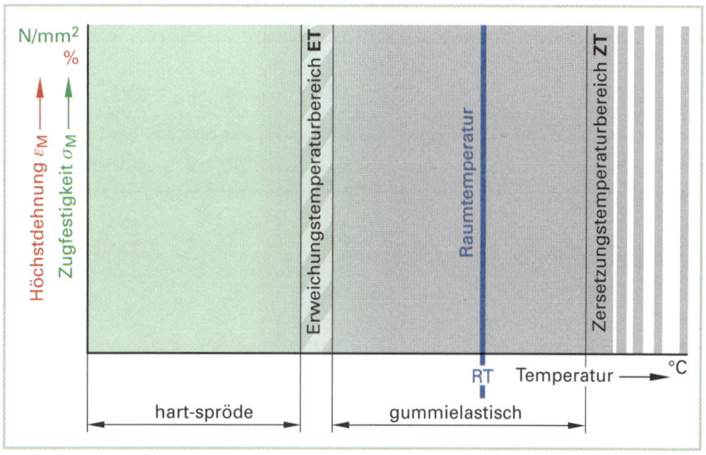

32. Um Kunststoffe zu verarbeiten und deren Eigenschaften gezielt zu nutzen, müssen sie zunächst einmal produziert werden. Die Herstellung erfolgt mit Syntheseverfahren, den sogenannten Polyreaktionen.

◆ Was sind Polyreaktionen und welche drei Reaktionstypen werden unterschieden?

◆ Welches Reaktionsprinzip ist für die Polymerisation typisch?

33. Werden gleiche Monomere zu einem Makromolekül verbunden, spricht man von einer Homopolymerisation. Ein einfaches Beispiel für eine Polymerisationsreaktion ist die Synthese von Ethylen zu Polyethylen.

◆ Skizzieren Sie die Polymerisation des Ethylens zu Polyethylen!

Monomere		Polymer	vereinfachte Strukturformel
Ethylen	Ethylen	Polyethylen	Polyethylen (PE)
+	⟹		

◆ Nennen Sie Beispiele für Kunststoffe, die durch Polymerisation hergestellt werden und ordnen Sie diese den drei Kunststoffgruppen zu!

Polymerisate		
Amorphe Thermoplaste	Teilkristalline Thermoplaste	Elastomere

34. Die Copolymerisation bietet die Möglichkeit, die Eigenschaften von Kunststoffen zu beeinflussen, indem man verschiedene Kunststoffe mit unterschiedlichen Eigenschaften in einem einzigen Kunststoff vereint. Copolymere bestehen aus zwei oder sogar mehreren verschiedenen Monomeren.

◆ Skizzieren Sie die Copolymerisation zu Styrol-Acrylnitril (SAN)!

Monomere		Polymer	vereinfachte Strukturformel
Styrol	Acrylnitril	Styrol-Acrylnitril-Copolymerisat	Styrol-Acrylnitril (SAN)
+	⟹		

35. Für die Verknüpfung unterschiedlicher Monomere zu einem Copolymer gibt es verschiedene Möglichkeiten, gesteuert durch unterschiedliche Reaktionsbedingungen. Ein **„statistisches Copolymer"** oder **„Random-Copolymer"** erhält man, wenn man sämtliche Monomere „zusammenschüttet" und miteinander reagieren lässt. Die verschiedenen Monomere A und B wechseln sich unregelmäßig ab.

◆ Skizzieren Sie eine statistische Anordnung der Monomere A und B!

Statistische Anordnung

36. Bei manchen Kombinationen von Monomeren oder bei Reaktionen unter Verwendung bestimmter Katalysatoren (Ziegler-Natta-Katalysatoren) erhält man auch **„alternierende Copolymere"**, bei denen sich die Monomere A und B einander abwechseln.

◆ Skizzieren Sie eine alternierende Anordnung der Monomere A und B!

Alternierende Anordnung

37. Die dritte Gruppe der Copolymere sind die **„Block-Copolymere"**, bei denen sich die Monomere blockweise abwechseln, d. h., ein Abschnitt Polymer aus reinem A wechselt sich ab mit einem Abschnitt aus reinem B.

◆ Skizzieren Sie die blockweise Anordnung der Monomere A und B!

Block-Anordnung

38. Die vierte Gruppe der Copolymere sind die **„Pfropf-Copolymere"**. Hier wird zuerst ein ungesättigtes, meist lineares Polymer als Grundmolekülkette synthetisiert, anschließend werden an die Doppelbindungen Ketten eines oder auch mehrerer anderer Polymere „aufgepfropft".

◆ Skizzieren Sie die Molekülanordnung für eine Pfropf-Copolymerisation!

Pfropf-Copolymerisation

39. Eine weitere Polyreaktion ist die **Polykondensation**.

◆ Welches Reaktionsprinzip ist für die Polykondensation typisch?

Polykondensation

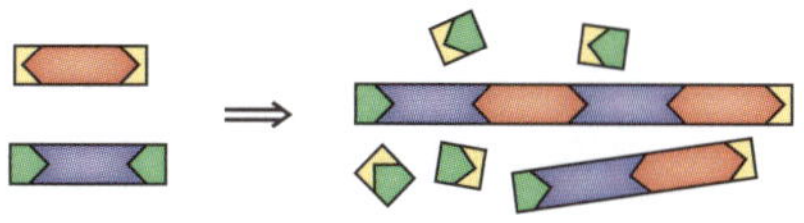

◆ Ergänzen Sie die Übersicht durch Hinzufügen der reaktionsfähigen Endgruppen!

Hydroxyl – Gruppe	Carboxyl – Gruppe

Amino-Gruppe	**Isocyanat-Gruppe**

40. Ein Beispiel für die Polykondensation ist die Synthese von (Hexamethylen-) **Diamin** und (Adipin-) **Disäure** zu Polyamid (PA 66).

◆ Ergänzen Sie die Polykondensationsreaktion zur Herstellung von PA 66!

Monomere		Polymer	
Diamin	**Disäure**	**Polyamid (PA)**	**Wasser**
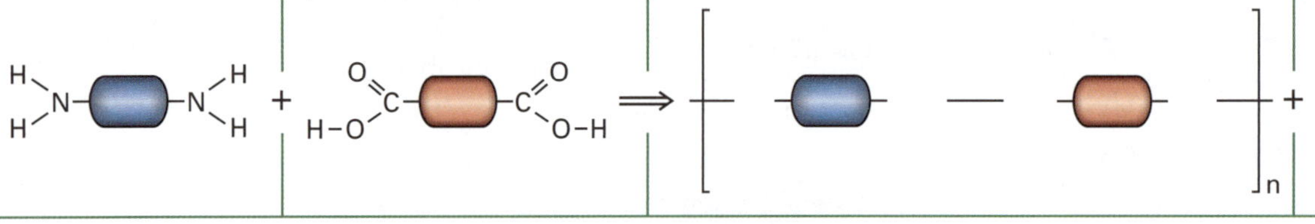			

◆ Nennen Sie Beispiele für Kunststoffe, die durch Polykondensation hergestellt werden!

Polykondensate	

41. Das Reaktionsprinzip der **Polyaddition** ist dem der Polykondensation sehr ähnlich.

◆ Welche Gemeinsamkeiten und Unterschiede gibt es zwischen beiden Reaktionstypen?

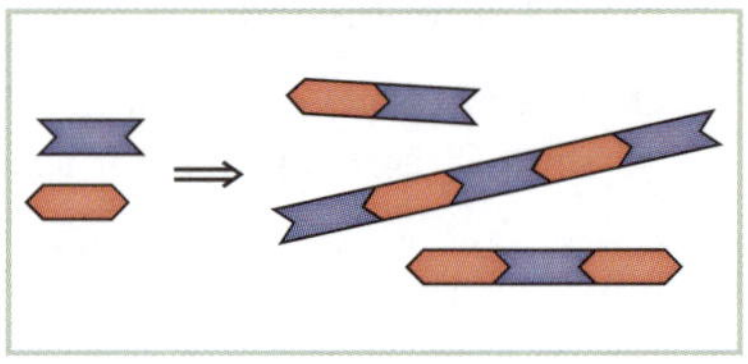

42. Überträgt man das Modellbeispiel auf die Reaktion von Diol (Polyol-Komponente A) und Diisozyanat (Isozyanat-Komponente B), erhält man den Kunststoff Polyurethan (PUR).

◆ Ergänzen Sie die Polyadditionsreaktion zur Herstellung von Polyurethan!

Monomere		Polymer
Diisozyanat	**Polyol**	**Polyurethan (PUR)**
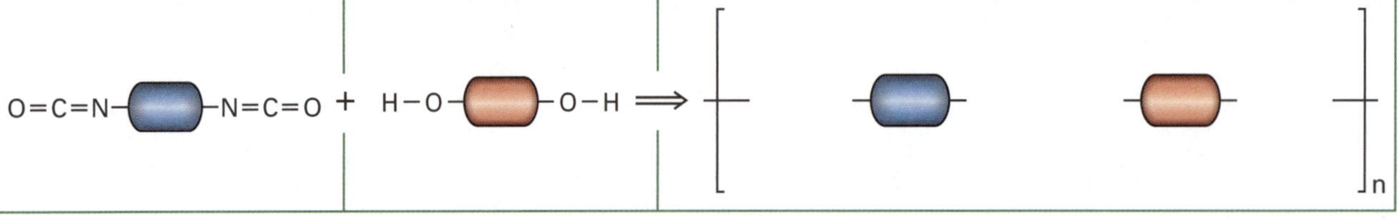		

◆ Nennen Sie Beispiele für Kunststoffe, die durch Polyaddition hergestellt werden.

Polyaddukte	

Modifizieren mit Zusatzstoffen

43. Die wenigsten Polymere können in der Form, die sie nach Abschluss der Syntheseverfahren haben, verarbeitet werden. Erst durch das Zumischen von Zusatz- und Verarbeitungshilfsstoffen erhält man verarbeitungsfertige Kunststoffformmassen.

◆ Formulieren Sie den sogenannten Hauptsatz der Kunststofftechnik!

	+		=	

44. Durch Compoundieren wird das Eigenschaftsprofil der Kunststoffe an die Anforderungen des Endproduktes angepasst.

◆ Welche Arbeitstätigkeiten beinhaltet das Verfahren des Compoundierens?

45. Additive haben die Aufgabe bestimmte Polymereigenschaften zu verbessern. Bei ihrer Auswahl ist zu beachten, dass durch die gewünschte Eigenschaftsverbesserung keine ungewollten Nachteile entstehen.

◆ Ergänzen Sie die Tabelle!

Additiv	Aufgaben/Auswirkungen auf Eigenschaften des Polymers
Antistatika	
Farbstoffe	
Flammschutzmittel	
Füllstoffe/Verstärkungsstoffe	
Gleitmittel	
Stabilisatoren	
Weichmacher	

Für die zahlreichen Bauteile eines Kraftfahrzeuges werden lt. der Stückliste unterschiedliche Werkstoffe verwendet. Zur eindeutigen Beschreibung von **bestimmten Merkmalen** der Bauteile werden definierte Größen verwendet. Durch das **Internationale Einheitensystem (SI** = **S**ysteme **I**nternational d`Unités) sind die Basiseinheiten und -größen festgelegt.

46. Ergänzen Sie in der vorgegebenen Tabelle die Spalten für die Namen, die Formelzeichen und eine gebräuchliche Anwendung für die Basisgrößen des SI-Systems!

Basisgröße und Formelzeichen	Einheit		Anwendungen
	Name	Zeichen	
Länge l	Meter	m	Längenmessung von Werkstücken
Masse m			
Zeit t			
Thermodynamische Temperatur T			
Elektrische Stromstärke I			
Lichtstärke I_v			
Stoffmenge n			

Für die verständliche Darstellung von Messgrößen werden dezimale Vorsätze verwendet. Zahlen **größer 1** werden mit **positiven** und Zahlen **kleiner 1** werden mit **negativen** Exponenten dargestellt. Der heute messtechnisch auswertbare Bereich, z. B. in der Längenmesstechnik, erstreckt sich über ca. **25** 10er-Potenzen.

47. Vervollständigen Sie in der Tabelle die Spalte Zahlenfaktor mit den drei Teilbereichen sowie mit je einer typischen Anwendung! Für die Erweiterung der Tabelle mit weiteren eigenen Beispielen steht Ihnen die obere und untere Zeile zur Verfügung.

Vorsatz	Zahlenfaktor			Anwendungen
	Name	Zehnerpotenz	Zahlenwert	
M Mega				
k Kilo				
h Hekto				
da Deka				
- -				
d Dezi				
c Zenti				
m Milli				

48. Das Volumen und die Masse der zahlreichen Einzelteile eines Pkw zu kennen, ist eine wichtige Voraussetzung für einen sicheren Transport bei der Herstellung bzw. während der Reparatur.

- Welche Größe wird durch das Verhältnis eines Volumens zu seiner Masse definiert und wie lautet dadurch die Maßeinheit auf der Basis des SI-Systems?

____

____

Volumenbestimmung: Der Aggregatzustand der Stoffe und die Form bei festen Körpern bestimmen die Berechnungsgrundlage bzw. das Messverfahren.

Volumenbestimmung von **regelmäßigen festen** Körpern:

- Benennen Sie die regelmäßigen Körper und ordnen Sie die Volumengleichung zu!
- Formulieren Sie einen Merksatz zur Berechnung zusammengesetzter regelmäßiger Körper.

Merksatz:

____

____

____

____

____

____

____

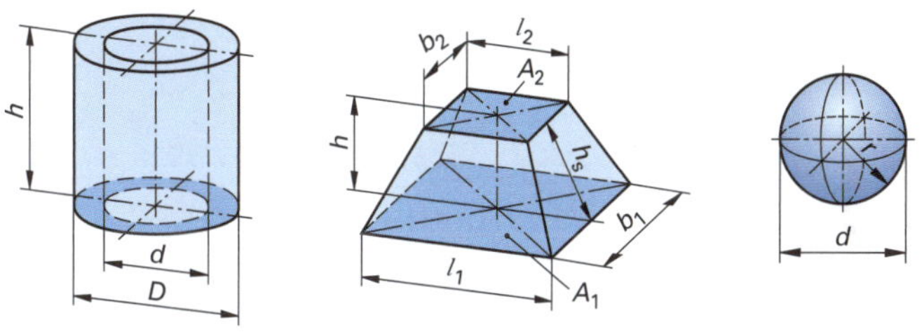

Körper: ______________ ______________ ______________

Volumengleichung: ______________ ______________ ______________

Volumenbestimmung von **unregelmäßig geformten festen** Körpern:

- Recherchieren und beschreiben Sie den Ablauf der direkten Messung des Volumens eines unregelmäßigen Körpers und nennen Sie praktische Beispiele!

____

____

____

____

____

Anwendungen: ____

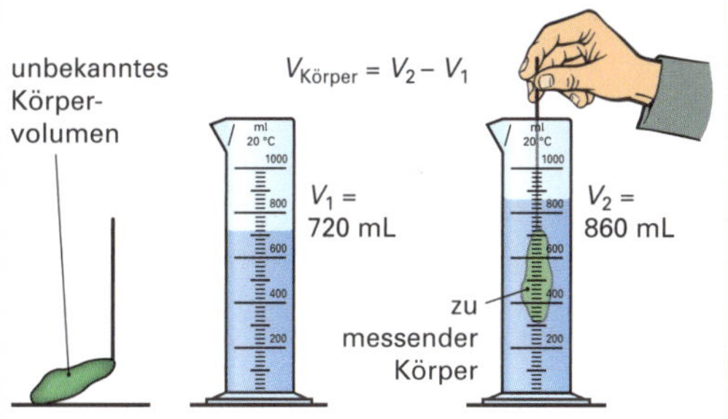

Volumenbestimmung von **Flüssigkeiten**

- Recherchieren und beschreiben Sie die Varianten der Bestimmung von geringen bzw. größeren Flüssigkeitsvolumina und nennen Sie praktische Beispiele!

____

____

____

____

____

____

Anwendungen: ____

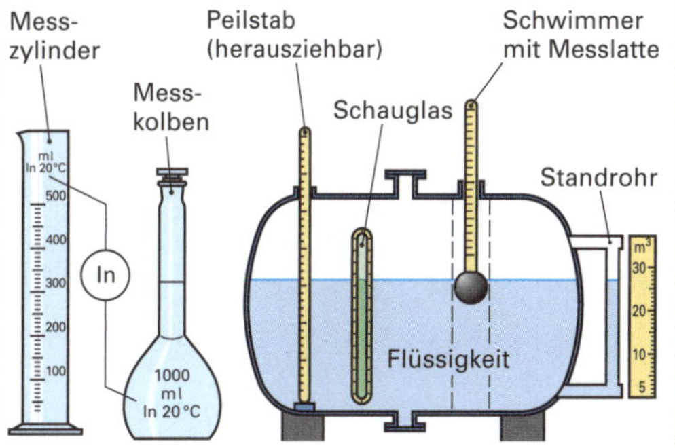

Massebestimmung: Mit der Masse eines Körpers wird die Materialmenge bestimmt, die in einem Körper enthalten ist. Temperatur- und Krafteinwirkungen bzw. Ortswechsel haben auf die **Masse** oder **Materialmenge** keinen Einfluss.

◆ Wie wird die Masse durch die SI-Einheit definiert?

Der Aufbau und die Wirkungsweise der Waagen sind von der erforderlichen Genauigkeit und der zu bestimmenden Masse abhängig. Der Bereich der zu bestimmenden Massen reicht von Milligramm bis zu Tonnen.

◆ Beschreiben Sie die Massebestimmung mit einer Balkenwaage und einer Laborwaage!

Balkenwaage:

Digitale Laborwaage:

Balkenwaage

Getreideprober 1 Liter
Einfähiger Getreideprober

Digitale Laborwaage

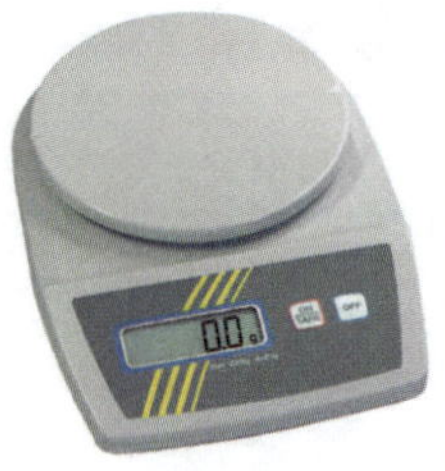

Schulwaage

Dichtebestimmung: Durch Messen der Körpermasse und des Körpervolumens kann die Dichte berechnet werden. Die Dichte granulierter Stoffe und Flüssigkeiten wird mithilfe eines Pyknometers bestimmt.

◆ Beschreiben Sie stichpunktartig die Dichteprüfung von Granulat mit einem Pyknometer!

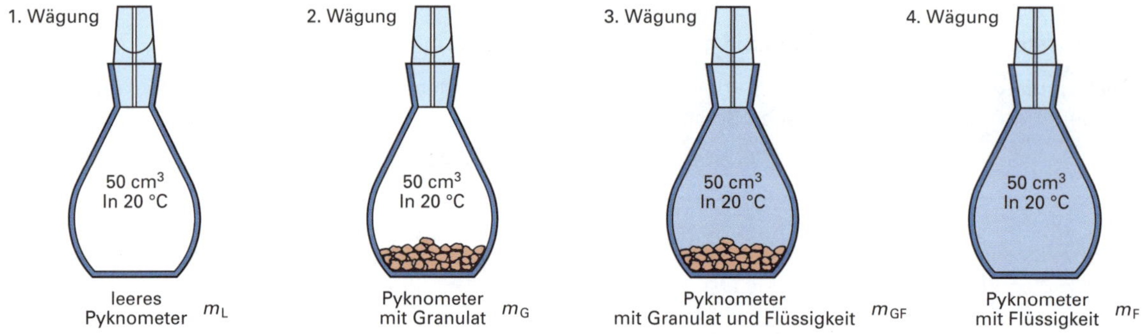

◆ Mithilfe eines Pyknometers sind folgende Werte für die Dichtebestimmung eines Granulates ermittelt worden:

$m_L = 27{,}4$ g $m_G = 35{,}2$ g $\varrho_F = 0{,}99$ g/cm³ $m_{GF} = 89{,}1$ g und $m_F = 87{,}4$ g

Berechnen Sie die Dichte ϱ_S des Granulates!

Versuche und Übungen

1. Durch technische Verfahren kann man heute Werkstoffe schaffen, die die natürlichen Werkstoffe ersetzen und sogar in ihren Eigenschaften übertreffen können. Der Werkstoff nach Maß wird immer weiter verbessert. Ausgangsstoffe sind die unterschiedlichsten Kunststoffarten.

   ◆ Ordnen Sie den Werkstoffen die betreffenden Zahlen zu!

Werkstoff	Zahl
Kupfer	
Aluminium	
Polyethylen	
Kupfer-Zink-Legierung	
Polyvinylchlorid	

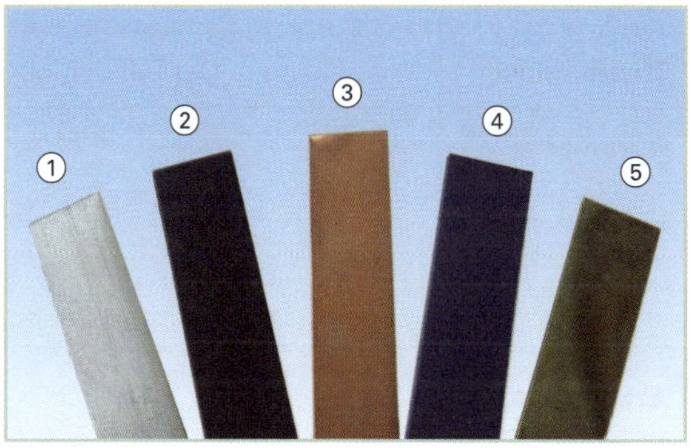

Erkenntnis: ______

2. Kunststoffe werden durch die Art ihrer Struktur und ihrer Bindungsmechanismen in 3 Gruppen unterteilt!

   ◆ Nennen Sie diese 3 Gruppen!

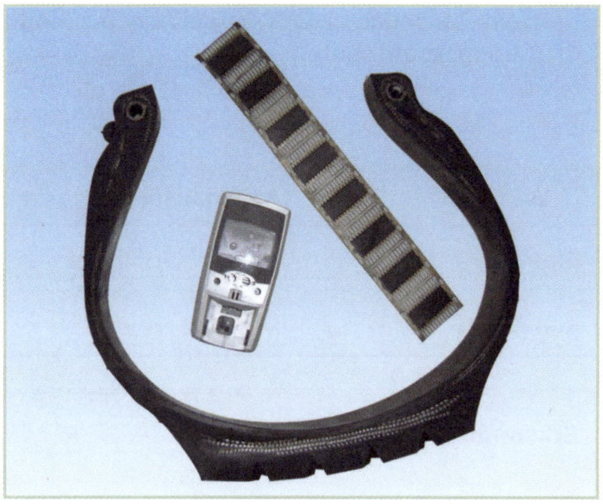

3. Kunststoffe besitzen unterschiedliche Bindungskräfte. Sie führen bei Erwärmung zu unterschiedlichem Verhalten.

   ◆ Erwärmen Sie mithilfe eines Heißluftföhns die drei Kunststoffarten auf ca. 150 °C und beschreiben Sie das Verhalten der Proben beim Biegen! Verwenden Sie dabei die Begriffe: fest, elastisch und thermoelastisch!

Kunststoffart	Raumtemperatur	Erwärmung auf 150 °C
Thermoplast		
Duromer		
Elastomer		

Erkenntnis: ______

4. Erwärmen Sie ein Heizschwert auf ca. 250 °C! Legen Sie unterschiedliche Kunststoffarten darauf!

- Beobachten Sie die Veränderung der Kunststoffe und tragen diese in die Tabelle ein!

Kunststoffart	ca. 250 °C
Thermoplast	
Duromer	
Elastomer	

Erkenntnis: ______________________

5. Kunststoffe dehnen sich bei Erwärmung aus.

- Erwärmen Sie jeweils ein Stahlteil und ein Kunststoffteil von 100 mm Länge um 10 °C!
- Messen Sie die Länge vor und nach der Erwärmung auf ein Tausendstel und berechnen Sie den Längenausdehnungskoeffizienten!

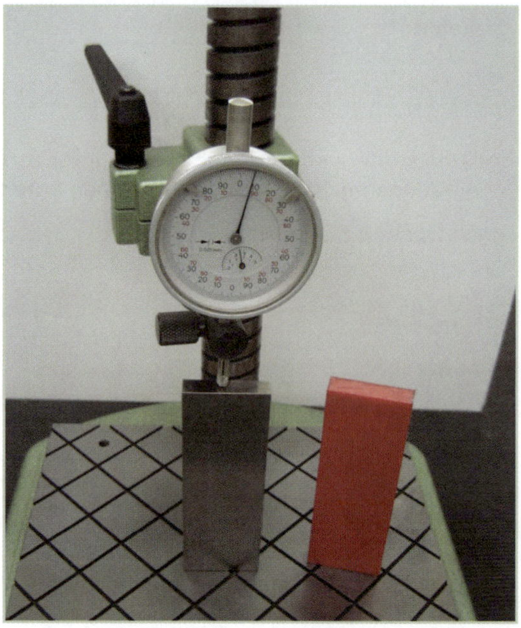

Werkstoff	Längenausdehnungskoeffizient
Stahl	
Kunststoff	

Erkenntnis: ______________________

____

6. Nebenstehendes Bild zeigt ein Kraft- und Dehnungsdiagramm bei Erwärmung von PVC-U.

- Tragen Sie die Materialtemperatur für die entsprechende Verarbeitung ein!
- In welchem Zustandsbereich wird PVC-U ur- bzw. umgeformt?

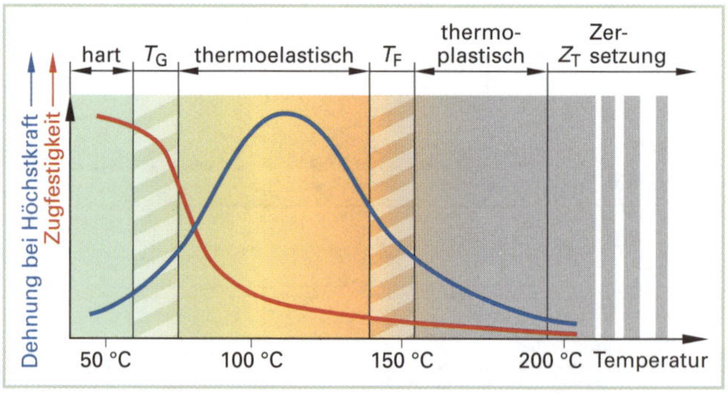

Materialtemperatur	Temperatur in °C	Zustandsbereich
für Spritzguss (Urformen)		
für Biegen (Umformen)		

1. Um einen Kunststoff exakt bestimmen zu können, sind mehrere Prüfungen notwendig. Die Kunststoffe lassen sich leichter erkennen, wenn sie in reiner, nicht eingefärbter Form vorliegen. Thermoplaste haben entweder eine teilkristalline (milchig trübe) oder eine amorphe (durchsichtige) Struktur.

◆ Unterscheiden Sie die Kunststoffe nach dem Aussehen!

Kunststoffart	amorph/teilkristallin
Polyethylen	
Polystyrol	
Polyamid	
Polymethylmethacrylat	
Polyvinylchlorid	
Polycarbonat	

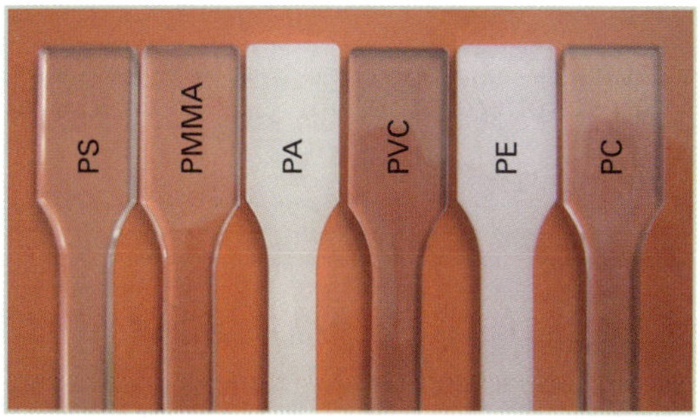

◆ Unterscheiden Sie die aufgeführten Kunststoffe nach der Oberflächen- und Klangprobe!

Kunststoffart	glatt/wachsartig/ritzbar	hell/dumpf
Polyethylen		
Polystyrol		
Polyamid		
Polymethyl-methacrylat		
Polyvinylchlorid		
Polycarbonat		

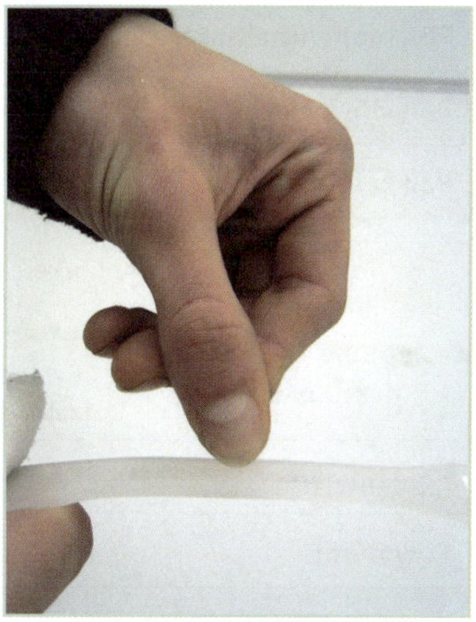

◆ Unterscheiden Sie die Kunststoffe nach ihrem Bruchverhalten!

Kunststoffart	bricht/Weißbruch/bricht nicht
Polyethylen	
Polystyrol	
Polyamid	
Polymethylmethacrylat	
Polyvinylchlorid	
Polycarbonat	

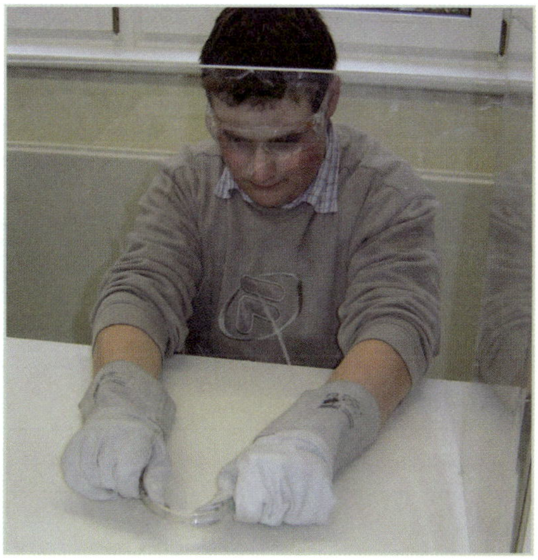

2. Um einen Kunststoff eindeutig bestimmen zu können, sind weitere Untersuchungen notwendig.

◆ Nennen Sie weitere Prüfungen zur Kunststoffbestimmung!

◆ Informieren Sie sich über die Sicherheitsvorschriften bei den nachfolgenden Versuchen und notieren Sie die Arbeitsschutzmaßnahmen!

3. Die Brennprobe ist die aussagekräftigste Prüfung der Kunststofferkennung.

◆ Beobachten Sie die Flamme und tragen Sie die Ergebnisse in die Tabelle ein!

Kunststoff	bläulich mit gelbem Rand/gelb/orange
Polyethylen	
Polystyrol	
Polyamid	
Polymethylmethacrylat	
Polyvinylchlorid	
Polycarbonat	

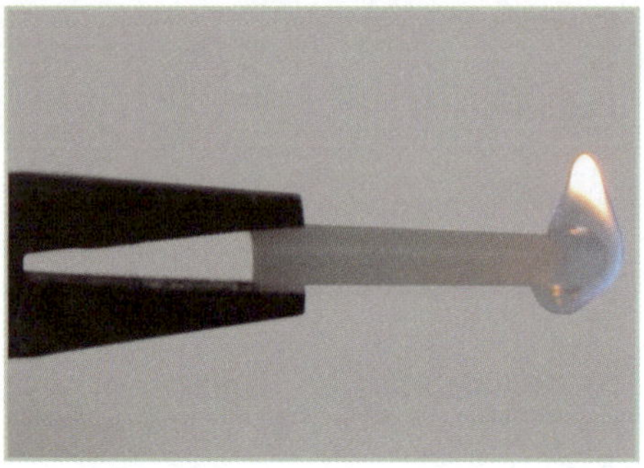

◆ Testen Sie die Brennbarkeit und notieren Sie nach den Vorgaben Ihre Ergebnisse!

Kunststoff	Brennt nicht/brennt nur in der Flamme/ tropft brennend ab/schmilzt brennend ab
Polyethylen	
Polystyrol	
Polyamid	
Polymethylmethacrylat	
Polyvinylchlorid	
Polycarbonat	

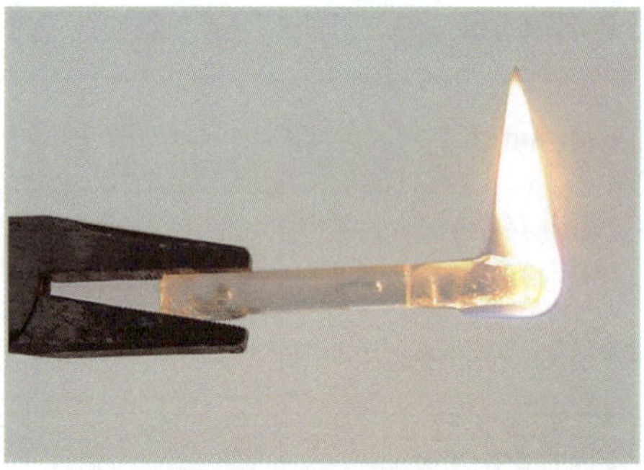

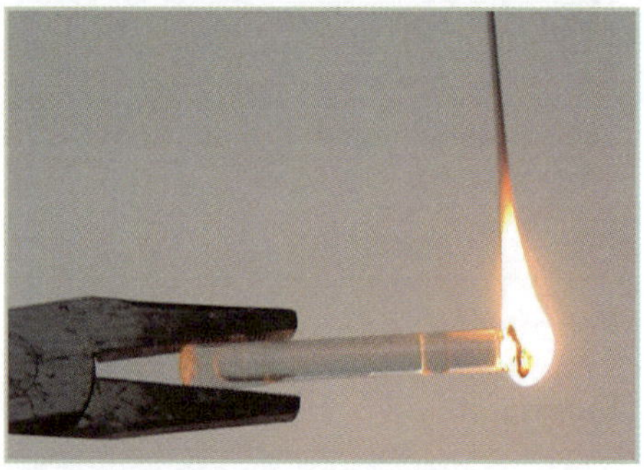

◆ Unterscheiden Sie beim Abbrennen der Proben nach den angegebenen Merkmalen und ordnen Sie die Kunststoffe zu!

Merkmal	Kunststoff
wird glasklar	
rußt	
rußt stark	
zieht Fäden	
bildet Bläschen	

Lernfeld 1 Kunststofferkennung II

1. Der Geruch der Schwaden beim Verbrennen von Kunststoffen ist ein charakteristisches Merkmal!
   - Finden Sie heraus, welcher Geruch zu welchem Kunststoff gehört und notieren Sie Ihre Wahrnehmungen!

Geruch der Schwaden	Kunststoff (Kurzzeichen)
verbrannt wie Horn oder Wolle	______
intensiv fruchtig	______
süßlich, blumig	______
stechend, brenzlig	______
phenolartig	______
paraffinartig	______

2. Sobald der Kunststoff in Granulatkorngröße über die normale Verarbeitungstemperatur erwärmt wird, verändert sich sein Aussehen und es entstehen Dämpfe.
   - Ordnen Sie dem Verhalten bei Erwärmung den Kunststoff zu!

Verhalten	Kunststoff (Kurzzeichen)
schmilzt ohne Zersetzung	______
schmilzt unter Zersetzung	______
zersetzt sich ohne zu schmelzen	______
zersetzt sich unter Verdampfung	______

3. Von den entstehenden Dämpfen kann der pH-Wert bestimmt werden.
   - Stellen Sie mithilfe eines Indikatorpapieres den pH-Wert (alkalisch, neutral/schwach sauer/stark sauer) fest!

Kunststoff	Reaktion der Schwaden
PE, PMMA, PS	______
PA	______
PVC-U	______
PC	______

4. Kunststoffe haben unterschiedliche Dichten (ρ). Wasser hat die Dichte von 1 g/cm^3. Kunststoffe mit einer Dichte unter 1 g/cm^3 schwimmen im Wasser. Liegt die Dichte des Kunststoffes über 1 g/cm^3, so sinkt er.
   - Beobachten Sie das Verhalten des Kunststoffes im Wasser.
   - Tragen Sie das Ergebnis in die Tabelle ein!

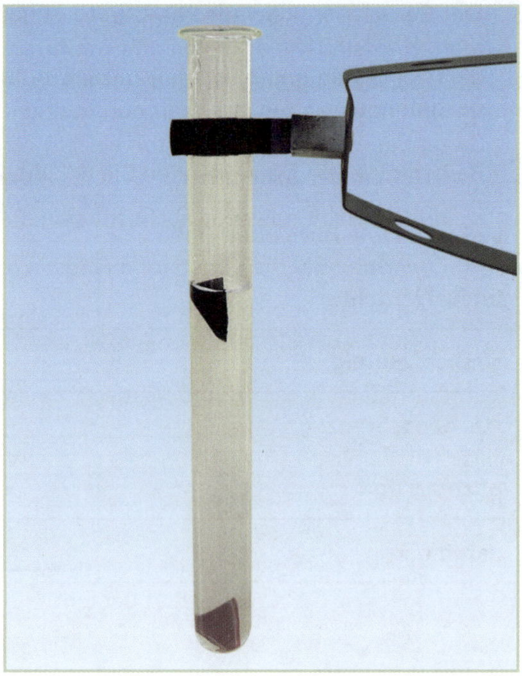

Kunststoff	schwimmt / sinkt langsam / sinkt schnell
Polyethylen	
Polystyrol	
Polyamid	
Polymethylmethacrylat	
Polyvinylchlorid	
Polycarbonat	

5. Durch die Beilsteinprobe kann man Chlor im Kunststoff nachweisen. Der Nachweis ist eine grüne Flamme (positiv). Sie entsteht, wenn Chlor und Kupfer sich verbinden.
   - Erwärmen Sie einen schmalen Kupferstreifen bis zur Rotglut. Drücken Sie anschließend den Streifen auf den Kunststoff und halten Sie ihn danach wieder in die Flamme. Tragen Sie das Ergebnis in die Tabelle ein!

Flamme	Kunststoff
positiv	
negativ	

6. Kunststoffe reagieren unterschiedlich auf Lösungsmittel. Sie sind unlöslich, quellbar oder löslich.
   - Träufeln Sie mit der Pipette einige Tropfen Lösungsmittel auf den Kunststoff (Einwirkzeit ca. 5 Minuten)!

     Säubern Sie danach die Oberfläche mit einem Lappen!
   - Beurteilen Sie die Oberfläche nach folgenden Eigenschaften:

     unlöslich: **u**

     löslich: **l**

     quellbar: **q**

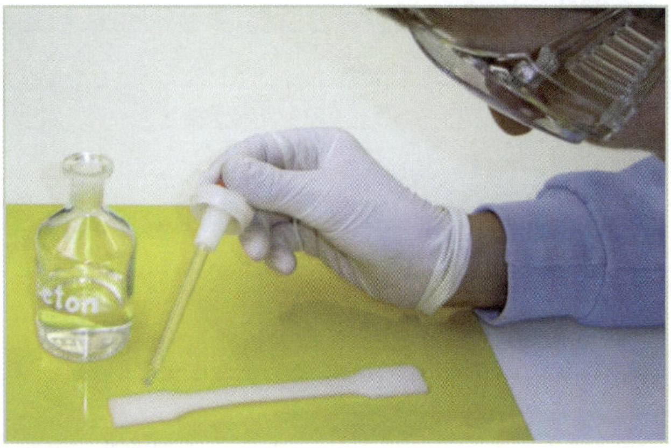

Lösungsmittel	PE	PS	PMMA	PA	PVC	PC
Aceton						
Methylenchlorid						

Kunststofferkennung III

1. Mithilfe einer Kunststoffbestimmtafel (s. Einbandseite) können Sie einen Ihnen unbekannten Kunststoff bestimmen. Hier sind viele Kunststoffe mit ihren Eigenschaften aufgezeichnet. Sämtliche Eigenschaften müssen mit dem von Ihnen untersuchten Kunststoff übereinstimmen. Erst dann können Sie sicher sein, dass der Kunststoff bestimmt ist.

   Damit Sie nicht jeden Kunststoff einzeln vergleichen müssen, gehen Sie mit den Prüfungen in einer bestimmten Reihenfolge vor. Damit können Sie bei jeder Prüfung eine Anzahl von Kunststoffen ausschließen.

   - Prüfen Sie mindestens sechs Ihnen unbekannte Kunststoffe mithilfe der Kunststoffbestimmungstafel!
   - Erwärmen Sie die Kunststoffe langsam bis zur Zersetzung und beobachten Sie die Zustandsänderung!

Zustandsänderung ab Raumtemperatur	Kunststoffart
fest, thermoelastisch, thermoplastisch, Zersetzung	
natürlich elastisch, Zersetzung	
fest, Zersetzung	

   - Tragen Sie die Kunststoffart der einzelnen Proben in die Tabelle ein!

Kunststoffprobe	Kunststoffart	Kunststoffprobe	Kunststoffart
Probe 1		Probe 4	
Probe 2		Probe 5	
Probe 3		Probe 6	

   - Führen Sie die Kunststoffprüfungen der Reihe nach durch und tragen Sie die Ergebnisse ein!
   - Vergleichen Sie ihre Ergebnisse mit der Kunststoffbestimmungstafel und benennen Sie die Kunststoffe!

Kunststoffprüfung	Ergebnis Probe 1
Schwimmprobe	
Sichtprobe	
Oberflächenprobe	
Bruchprobe	
Brandverhalten	
besondere Merkmale	
Flammfärbung	
Geruch der Schwaden	
Schmelzprobe	
pH-Wert	
Beilsteinprobe	
Lösungsmittelprobe	
Kunststoffbezeichnung der Probe 1:	

Kunststoffprüfung	Ergebnis Probe 2
Schwimmprobe	
Sichtprobe	
Oberflächenprobe	
Bruchprobe	
Brandverhalten	
besondere Merkmale	
Flammfärbung	
Geruch der Schwaden	
Schmelzprobe	
pH-Wert	
Beilsteinprobe	
Lösungsmittelprobe	
Kunststoffbezeichnung der Probe 2:	

Kunststofferkennung III

- Führen Sie die Kunststoffprüfungen der Reihe nach durch und tragen Sie die Ergebnisse ein!
- Vergleichen Sie mit der Kunststoffbestimmungstafel und nennen Sie den Kunststoff!

Kunststoffprüfung	Ergebnis Probe 3
Schwimmprobe	
Sichtprobe	
Oberflächenprobe	
Bruchprobe	
Brandverhalten	
besondere Merkmale	
Flammfärbung	
Geruch der Schwaden	
Schmelzprobe	
pH-Wert	
Beilsteinprobe	
Lösungsmittelprobe	
Kunststoffbezeichnung der Probe 3:	

Kunststoffprüfung	Ergebnis Probe 4
Schwimmprobe	
Sichtprobe	
Oberflächenprobe	
Bruchprobe	
Brandverhalten	
besondere Merkmale	
Flammfärbung	
Geruch der Schwaden	
Schmelzprobe	
pH-Wert	
Beilsteinprobe	
Lösungsmittelprobe	
Kunststoffbezeichnung der Probe 4:	

Kunststoffprüfung	Ergebnis Probe 5
Schwimmprobe	
Sichtprobe	
Oberflächenprobe	
Bruchprobe	
Brandverhalten	
besondere Merkmale	
Flammfärbung	
Geruch der Schwaden	
Schmelzprobe	
pH-Wert	
Beilsteinprobe	
Lösungsmittelprobe	
Kunststoffbezeichnung der Probe 5:	

Kunststoffprüfung	Ergebnis Probe 6
Schwimmprobe	
Sichtprobe	
Oberflächenprobe	
Bruchprobe	
Brandverhalten	
besondere Merkmale	
Flammfärbung	
Geruch der Schwaden	
Schmelzprobe	
pH-Wert	
Beilsteinprobe	
Lösungsmittelprobe	
Kunststoffbezeichnung der Probe 6:	

- Legen Sie für Kunststoffe, die Sie in Ihrer Firma verarbeiten, eine Tabelle an!
- Tragen Sie sämtliche Eigenschaften und Merkmale des jeweiligen Kunststoffes darin ein!
- Vervollständigen Sie im Laufe der Zeit durch Ihre Erfahrungswerte diese eigene Bestimmungstafel (Ver- und Bearbeitungstemperaturen, Granulatform, Zugfestigkeit, Kugeldruckhärte usw.)!

Schwindung und Verzug bei Kunststoffteilen

1. Zur Qualitätskontrolle von Fensterprofilen sollen vier unterschiedliche Profile überprüft werden, wobei verschiedene Prüfeinrichtungen bzw. Messwerkzeuge zur Verfügung stehen.

- Wählen Sie für die zu überprüfenden Maße die geeigneten Prüfwerkzeuge aus!

  1 Messschieber 2 Bügelmessschraube

  3 Tiefenmessschraube 4 Messuhr mit Halter

- Stellen Sie die Maße fest und tragen Sie diese in die Tabelle ein!
- Informieren Sie sich im Lehrbuch über den Sachverhalt Längsverzug und beschreiben Sie diesen Begriff!

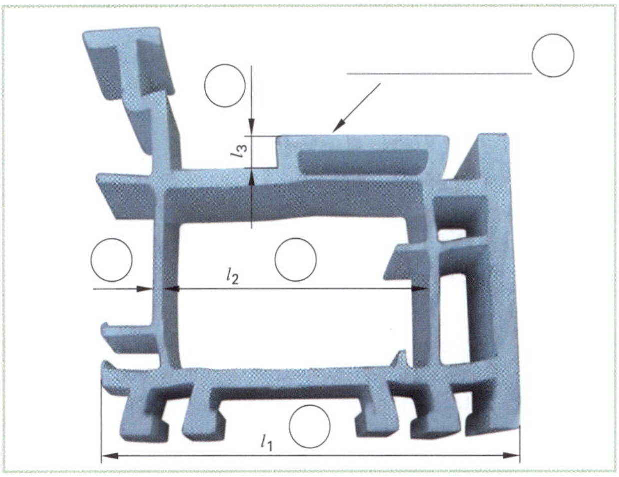

- Bestimmen Sie den Längsverzug in mm/m! ________ mm/m

Prüfmaß	Teil 1	Teil 2	Teil 3	Teil 4	Prüfmaß	Teil 1	Teil 2	Teil 3	Teil 4
l_1 in mm					Ebenheit				
l_2 in mm					Wanddicke				
l_3 in mm					Winkeligkeit				

2. Komplizierte Formen oder mit Messwerkzeugen schwer zugängliche Messstellen werden mit Profilprojektoren berührungslos ausgemessen.

- Messen Sie ein Profil aus und tragen Sie die zwei zu bestimmenden Maße im Profilschnitt ein!

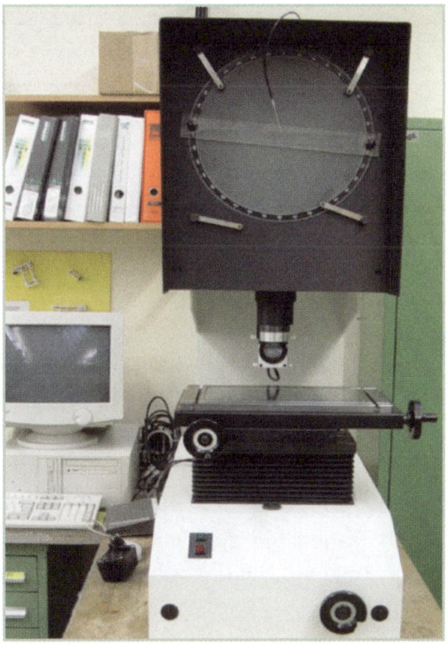

3. Kunststoff wird durch Spritzgießen, Extrudieren oder Pressen unter Einbringung von Wärme in Form gebracht. Beim Abkühlen schrumpft das Werkstück in seinen Abmessungen. Diese Schrumpfung ist werkstoffabhängig und muss bei der Erstellung des Werkzeuges berücksichtigt werden.

- Bestimmen Sie den Kunststoff für ein Spritzguss- und ein Extrusionsteil mithilfe der Brennprobe!
- Wählen Sie für Ihren festgelegten Kunststoff die prozentuale Schwindung aus der Tabelle aus!

Spritzgussteil		Extrusionsteil	
Werkstoff		**Werkstoff**	
Schwindung in %		**Schwindung in %**	

- Messen Sie je drei Maße an einem Extrusions- und an einem Spritzgussteil, tragen Sie diese in die Tabelle ein und berechnen Sie die Schwindung und die Werkzeugmaße!

Werkstoff	Schwindung in %	Werkstoff	Schwindung in %	Werkstoff	Schwindung in %
PE-LD	1,5 … 3,0	**POM**	1,5 … 2,5	**UF 131**	0,95
PP	1,3 … 2,5	**PA 6**	0,8 … 2,5	**EPDM**	1,0 … 2,0
PVC-U	0,4 … 0,8	**PA 6.6**	0,6 … 2,5	**PC**	0,6 … 0,7
PS	0,4 … 0,7	**CA**	0,4 … 0,7	**PETP amorph**	0,2
PMMA	0,4 … 0,7	**PF 51**	1,1	**PPE/PS**	0,5 … 0,8

Maße am Spritzgussteil	Istwert in mm	Schwindung in %	Werkzeugmaß in mm
Maße am Extrusionsteil	**Istwert in mm**	**Schwindung in %**	**Werkzeugmaß in mm**

4. Bei der Herstellung können mit verschiedenen Verarbeitungsparametern gleiche Abmessungen erreicht werden. Wenn der Kunststoff wieder erwärmt und abgekühlt wird, führt dies zu unterschiedlichen Ergebnissen.

- Längen Sie von drei verschiedenen Extrusionsprofilen gleicher Abmessungen l_0 = 100 mm ab!
- Erwärmen Sie die Teile auf die gleiche Temperatur von 100 °C und stellen Sie die Längen nach der Erwärmung und dem Erkalten fest!
- Tragen Sie die Werte in die Tabelle ein und berechnen Sie die Schwindung in %!

Maße in mm	Teil 1	Teil 2	Teil 3
l_0			
l_{100}			
l_{20}			
Schwindung in %			

Lehrplaninhalte

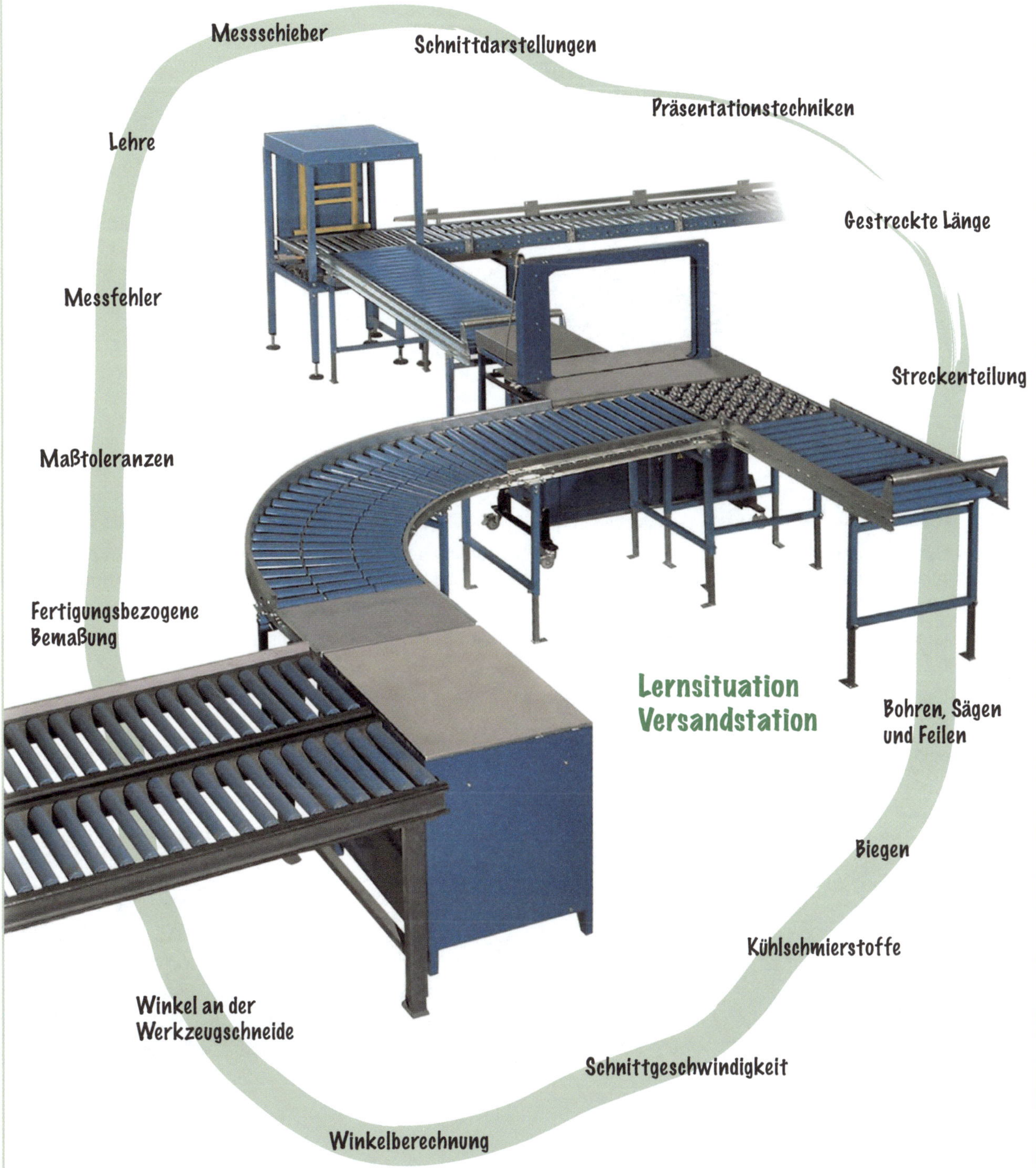

Projekt: Förderelemente

Beschreibung der Lernsituation

In der Kunststoffindustrie werden Werkstücke hergestellt, die sich in Form, Größe und Gewicht sowie deren unterschiedlichen Werkstoffen unterscheiden. Spezielle Transportsysteme zwischen den einzelnen Fertigungsstationen bis hin zum Versand sind dazu erforderlich. Mit der Kombination von Leichtrollen-, Röllchen- und Allseitenrollbahnen können zahlreiche Transportaufgaben, wie in der abgebildeten Versandstation, durchgeführt werden.

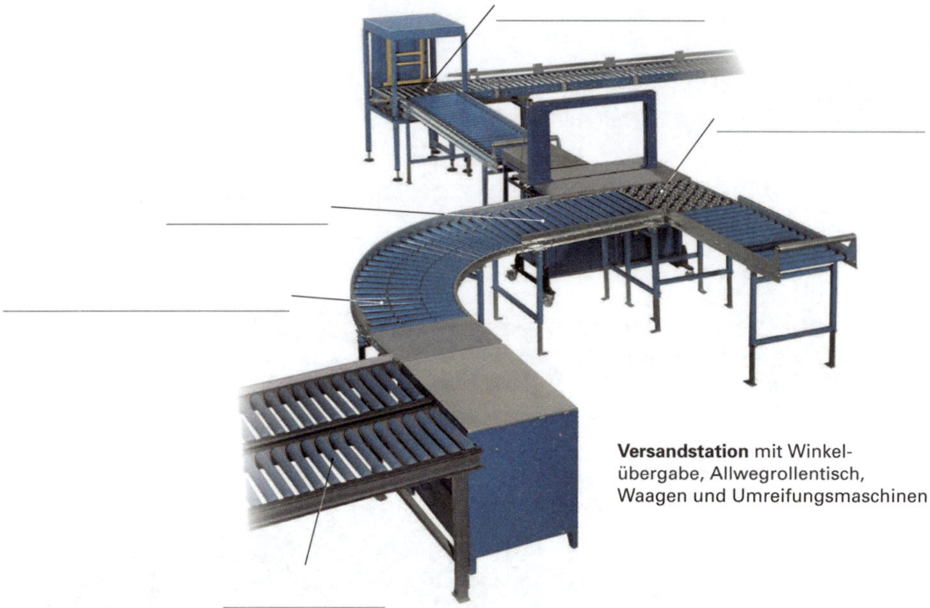

Versandstation mit Winkelübergabe, Allwegrollentisch, Waagen und Umreifungsmaschinen

Aufgaben

Aufgrund der Umstellung des Fertigungsprofiles sind an der vorhandenen Transportanlage konstruktive Veränderungen durchzuführen. Werten Sie dazu das vorhandene Transportschema aus, führen Sie einfache Planungsschritte durch und erarbeiten Sie erforderliche Fertigungsunterlagen.

1. Analysieren und kennzeichnen Sie die Bewegungen (siehe im Bild oben) in den einzelnen Abschnitten der abgebildeten Transportanlage.
2. Beschreiben Sie stichpunktartig die Besonderheiten beim Transport von Werkstücken durch die drei verschiedenen Rollensysteme der Versandstation.

3. Vervollständigen Sie mithilfe Ihres Tabellenbuches die Stückliste für die abgebildeten Rollensysteme und ergänzen Sie in den vorgesehenen Kreisen fortlaufend die Positionsnummern!

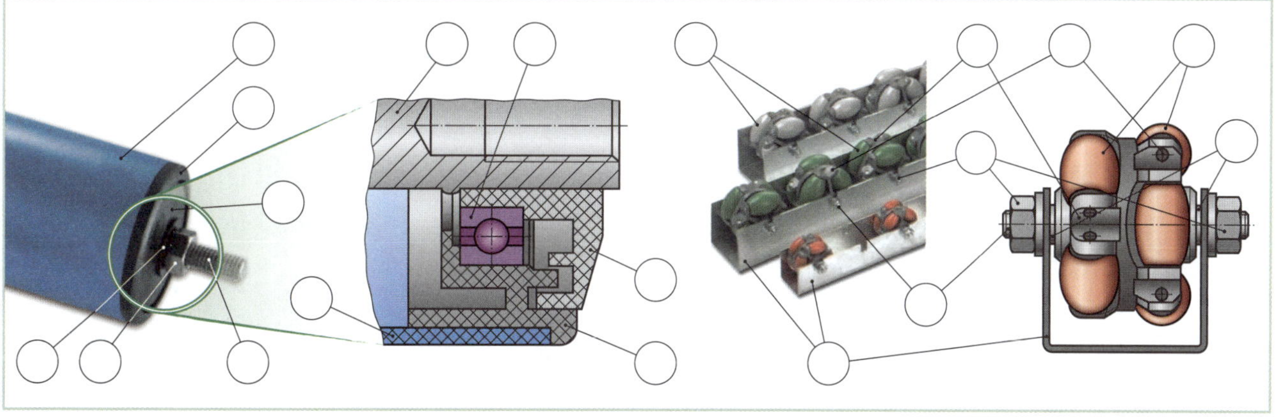

Pos. Nr.	Stückzahl	Bennennung	Werkstoff	Allg. Bemerkung bzw. Normbezeichnung
1	1	Kunststoffrohr	PVC-U	Rohr ø 50 x 2,8
2	2	Labyrinthabdichtungen		
3	2	Labyrinthabdichtungen		
4	2	Rillenkugellager		
5	1	Blankgezogene Achse		
6	2	U-Scheiben		
7	2	Sechskantmuttern		
8	2	Gewindebolzen		
9	1	U-Profil		
10	6	Rollen		
11	1	Rollenträger		
12	6	Rollenachsen		
13	1	Hauptachse mit Gewinde		
14	2	U-Scheiben		
15	2	Sechskantmuttern		

Der störungsfreie Transportablauf mithilfe der Versandstation kann nur durch den speziellen Aufbau der Tragrollen-, Röllchen- sowie der Allseitenrollbahnen und der verwendeten Werkstoffe realisiert werden.

4. Welche charakteristischen Werkstoffeigenschaften der verwendeten Kunststoffe wirken sich auf die Funktionssicherheit der Transportsysteme positiv aus?

5. Universal-Rollschienen werden in der Förder- und Lagertechnik, z. B. für Durchlaufregale, Führungs- und Tragschienen an Förderanlagen und als Gleitschienen verwendet. Das umfangreiche Rollenprogramm der Hersteller umfasst u. a.:

   PU-Beschichtungen

   Gleit- und Wälzlagerungen

   Bürstenrollen usw.

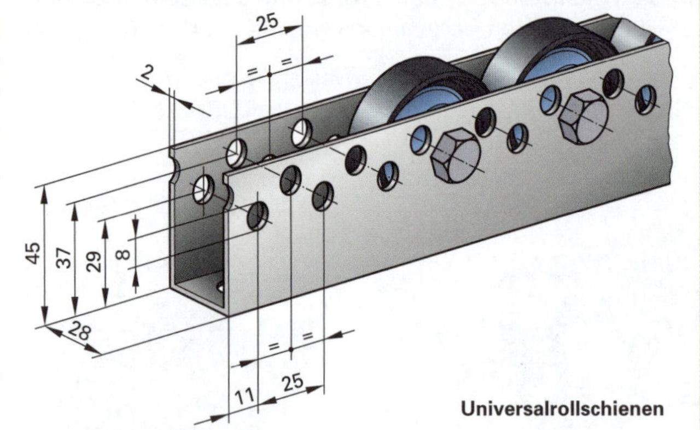

Universalrollschienen

Für alle zum Einsatz kommenden Rollenarten sind Universalrollschienen als Trägerelemente verwendbar.

- Vervollständigen und bemaßen Sie beide Ansichten!
- Vervollständigen Sie das Schriftfeld!
- Ergänzen Sie in den Bezugsfeldern mithilfe Ihres Tabellenbuches die jeweiligen Sachverhalte zu den angegebenen Normen!

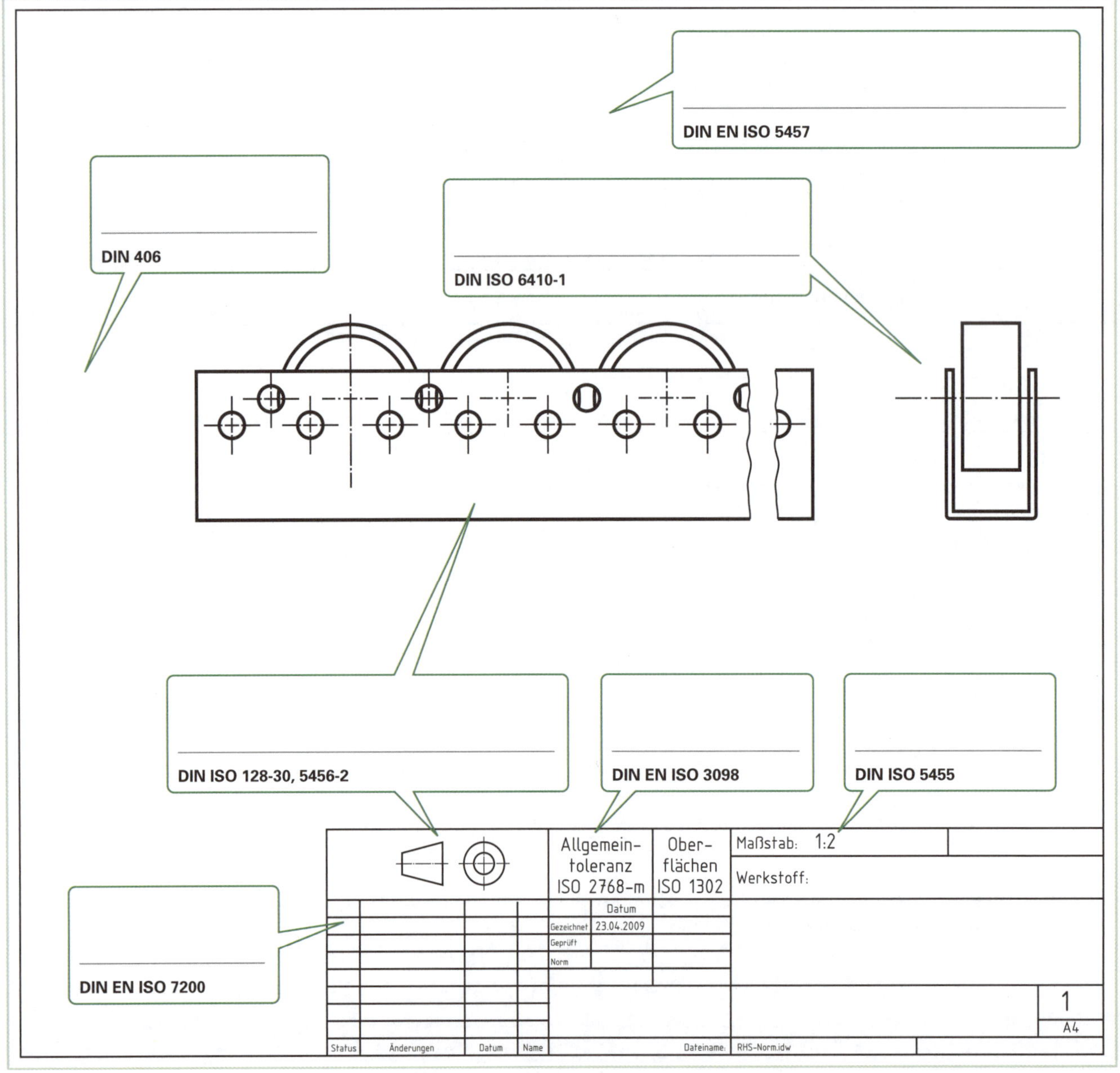

6. Zum Verständnis der Wirkungsweise und Funktion von Einzelteilen und Baugruppen sind technische Zeichnungen in den verschiedenen Ausführungsformen geeignete Kommunikationsmittel.

◆ Zeichnen Sie eine montierte Rolle mit U-Profil in der Seitenansicht, eine Rolle in der Vorderansicht und bemaßen Sie den Außen- und Bohrungsdurchmesser und skizzieren Sie die Verbindungselemente **ohne** Bemaßung!

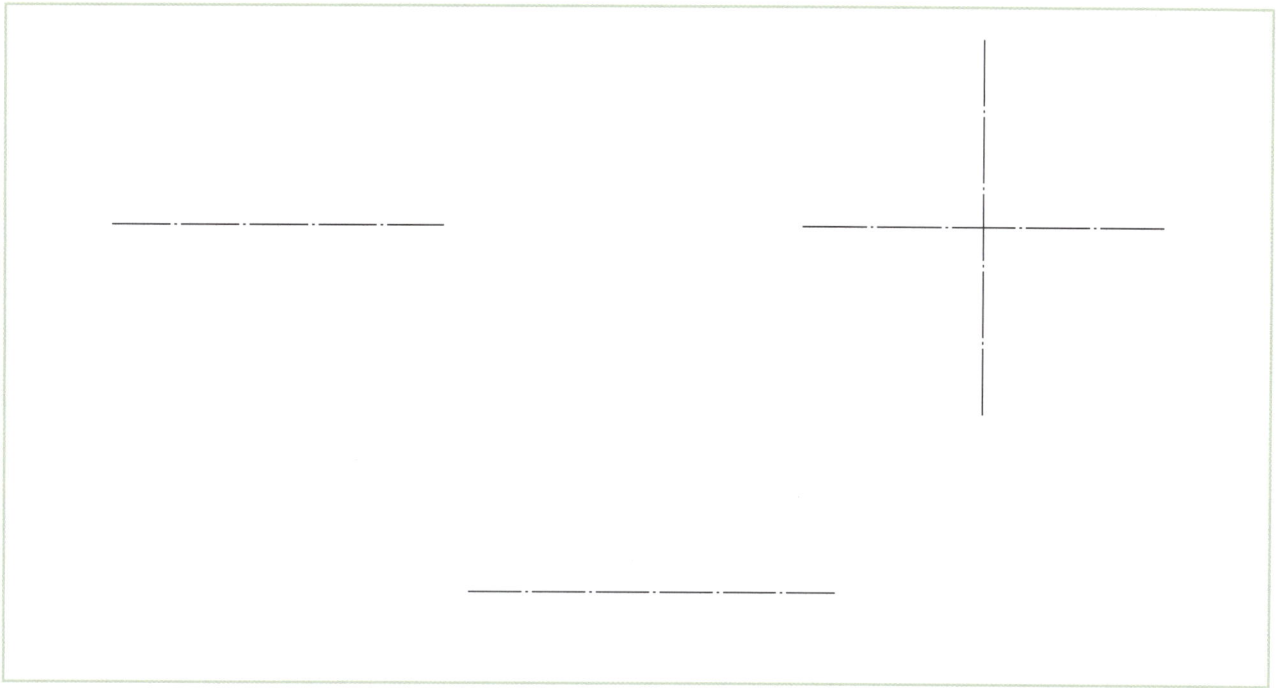

◆ Bewerten Sie die Aussagekraft von Zeichnungen, Skizzen und Schnittdarstellungen!

Gesamtzeichnungen:

Teilzeichnungen:

Skizzen:

◆ Welche Aussagen können Sie aus den einzelnen Angaben einer Stückliste entnehmen?

7. Innenformen von Werkstücken und Baugruppen können durch die verschiedenen Schnittarten deutlich besser dargestellt und bemaßt werden.

Für die Schraffur geschnitten dargestellter Werkstücke aus bestimmten Kunststoffarten ist die DIN ISO 128-50 (2002-05) anzuwenden.

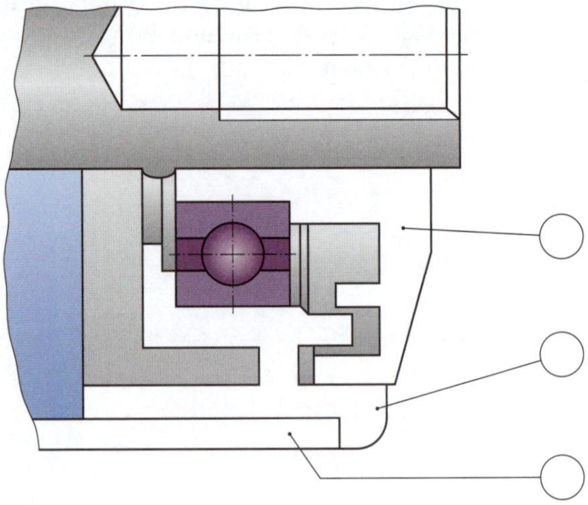

- Schraffieren Sie werkstoffgerecht das Kunststoffrohr **1** und die Labyrinthabdichtungen **2** und **3** aus der Stückliste auf der Seite 41.
- Welche Werkstückseite wird bei einer senkrechten Lage der Werkstückachse schraffiert?
- Warum konnte bei der Darstellung der Rollenabdichtung auf einen Vollschnitt verzichtet werden?

8. In der Rollenlagerung (Bild oben) sind das Kugellager und die Welle mit der Gewindegrundbohrung nicht geschnitten dargestellt.

- Welche Festlegungen sind dafür gültig?
- Nennen Sie weitere Bauteile mithilfe ihres Tabellenbuches, die aufgrund dieser Festlegung nicht geschnitten dargestellt werden.
- Bewerten Sie die links gezeichnete Baugruppe hinsichtlich der getroffenen Vollschnitt-Festlegungen. Wenden Sie diese anschließend auf die Zeichnung rechts an.

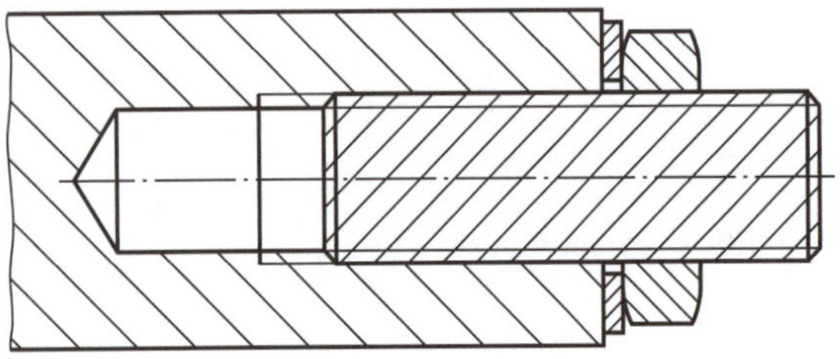

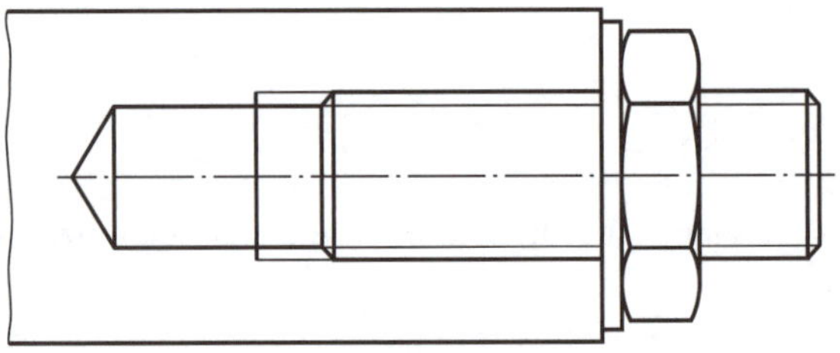

9. Die oft rauen betrieblichen Einsatzbedingungen von Palettenrollenschienen verursachen Verschleiß und beeinträchtigen damit die Funktionssicherheit. Bei der Durchführung von Reparaturaufgaben vor Ort müssen bestimmte Maße überprüft werden.

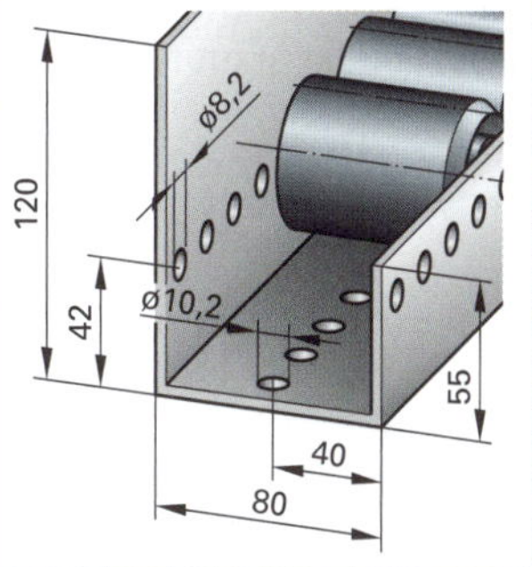

- Mit welchem Toleranzsystem sind die Maße der Palettenrollschiene toleriert?

- Mit welchem Messgerät können alle Maße ermittelt werden?

- Beschreiben Sie die Reihenfolge der einzelnen Schritte beim Ablesen eines Messwertes!

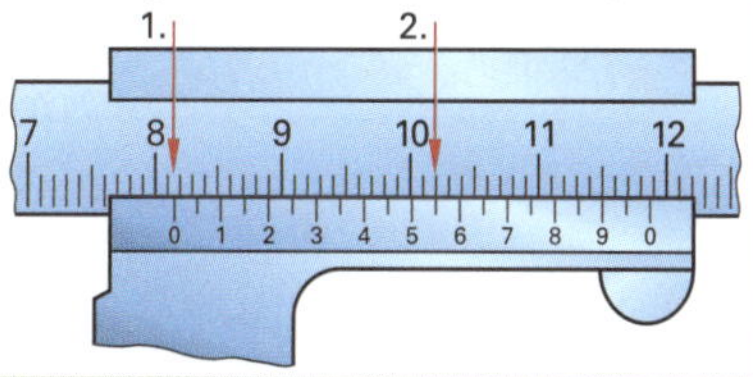

- Bestimmen Sie von den abgebildeten Messschiebereinstellungen die Messwerte!

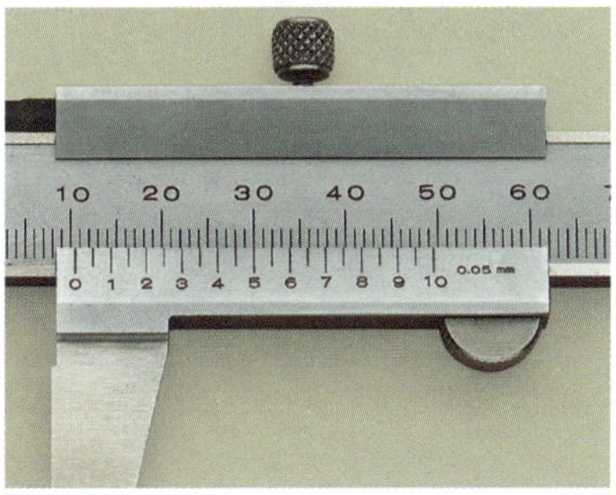

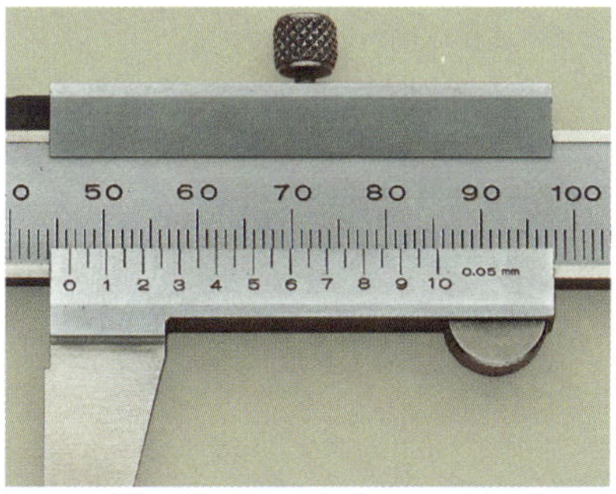

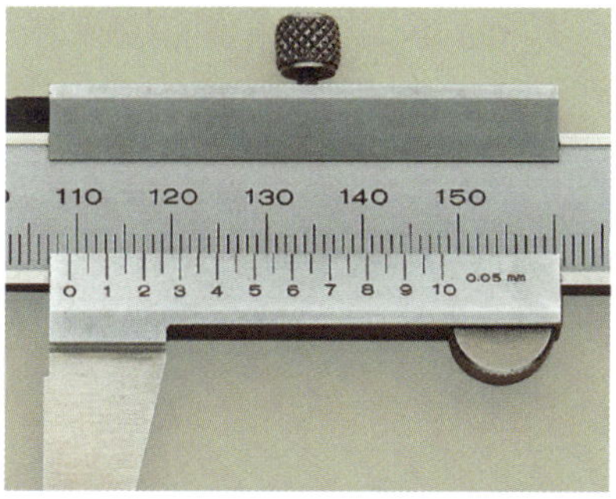

Ergebnis: ______ Ergebnis: ______ Ergebnis: ______

10. Mit mechanischen Universalmessschiebern können nicht alle Messaufgaben durchgeführt werden. Für schwierigere Messpositionen und höhere Genauigkeitsanforderungen werden mechanische und elektronische Spezialmessschieber verwendet.

- Benennen Sie die drei abgebildeten Messschieberarten und beschreiben Sie spezifische Merkmale bzgl. des Aufbaus und Messprinzips sowie der Anwendung der Messschieberarten!

11. Innerbetrieblich müssen zahlreiche unterschiedlich große und schwere Gegenstände transportiert werden. Palettenrollschienen mit einer Tragkraft bis 160 kg eignen sich in verschiedenen Ausführungen sowohl beim Wareneingang bzw. -transport zwischen den einzelnen Fertigungsabschnitten.

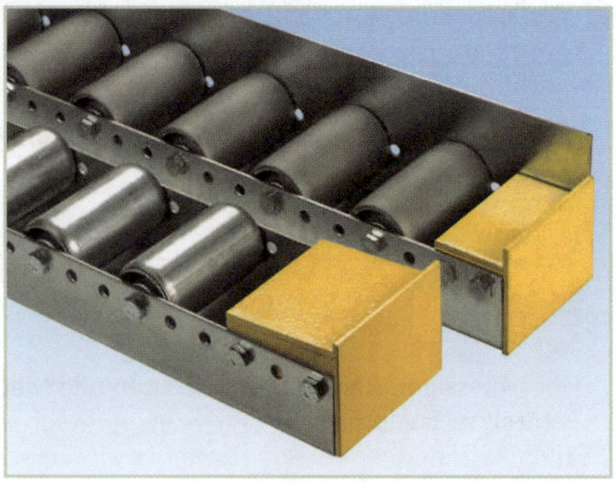

◆ Wenn Sie mit Transportaufgaben während Ihrer Ausbildung beauftragt werden, worauf müssen Sie achten?

Vom Hersteller werden verschiedene Profile angeboten, die richtige Auswahl muss aufgrund der betrieblichen Transportaufgaben erfolgen.

◆ Markieren Sie in der Zeichnung einer Palettenrollschiene die Maße mit unterschiedlichen Toleranzbereichen!

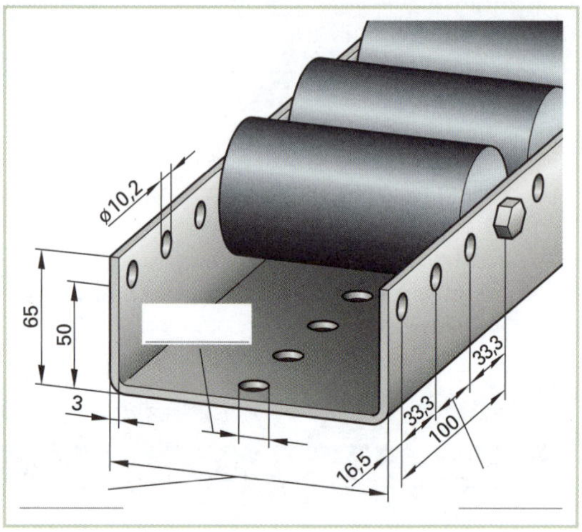

◆ Ordnen Sie Ihren ausgewählten Maßen die zugehörigen Toleranzsysteme zu!

◆ Nennen Sie geeignete Prüfmittel für die Bohrungsdurchmesser und -abstände der Profile bzw. die Funktionsmaße der montierten Rolle!

◆ Begründen Sie Ihre Prüfmittelauswahl!

Zur Gewährleistung der Betriebssicherheit und aus Kostengründen werden Bauteile bzw. Funktionsmaße einer Palettenrollenschiene toleriert.

◆ Erstellen Sie eine Skizze (Vorderansicht) einer Palettenrollenschiene mit den Funktionsmaßen: Profilbreite = 130 mm, Profilhöhe = 65 mm, Rollendurchmesser = 60 mm und Bohrungsdurchmesser = 10,2 mm!

◆ Ermitteln Sie für die Funktionsmaße die Toleranzen nach DIN ISO 2768-m.

Verwenden Sie dazu Ihr Tabellenbuch!

◆ Welche Prüfverfahren sind dazu geeignet?

12. Werkstücke sollen nicht so genau wie möglich, sondern nur so genau wie nötig gefertigt werden!

- Begründen sie an einem Beispiel diese Behauptung!

Die Aussage: „Ich habe genau geprüft" ist eigentlich nicht richtig, denn das Prüfergebnis wird von zahlreichen objektiven und subjektiven wirkenden Größen immer beeinflusst.

- Nennen Sie je einen Prüffehler aus Ihrer eigenen praktischen Tätigkeit mit einer Lehre bzw. einem Messgerät!

Spezielle Wälzlager werden aufgrund der Einsatzbedingungen in Palettenrollen verwendet. Damit werden die Laufruhe und die Lebensdauer gesichert.

- Ergänzen Sie die Lage und Größe der Toleranzfelder für die Passungsangaben der Kugellager d_i = 4h6 bzw. D_a = 13K7 sowie das Toleranzfeld der Allgemeintoleranz für die Breite 80 mm der U-Schiene!

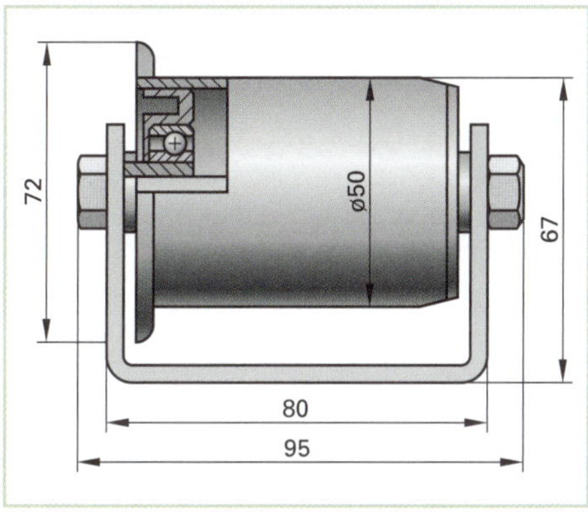

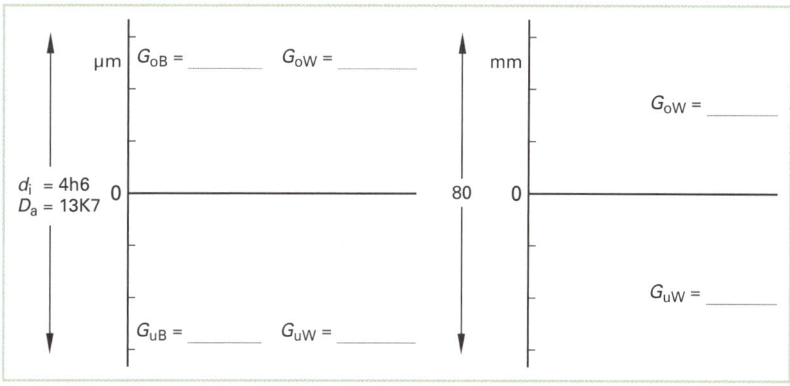

Bei der Serienfertigung oder bei Reparaturen müssen die Innen- und Außenpassmaße schnell und sicher geprüft werden. Dafür eignen sich Grenzlehrdorne und Grenzrachenlehren.

- Kennzeichnen Sie an beiden Lehren die folgenden Angaben: **Gut-** und **Ausschussseite**
- Benennen Sie die Gut- und Ausschussseite für beide Lehren
- Welche Maße stellen die Gut- und Ausschussseiten beider Lehren dar?

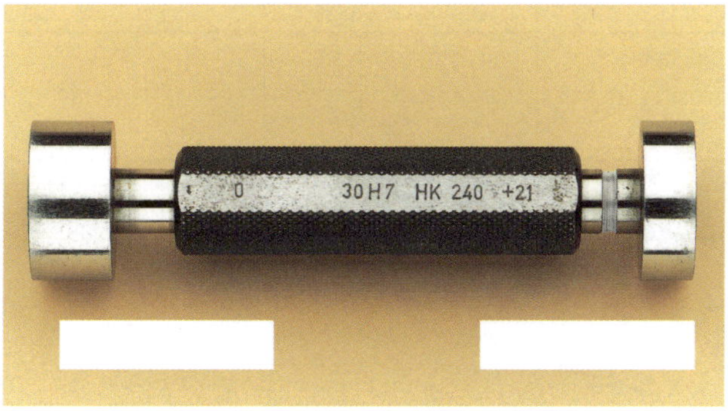

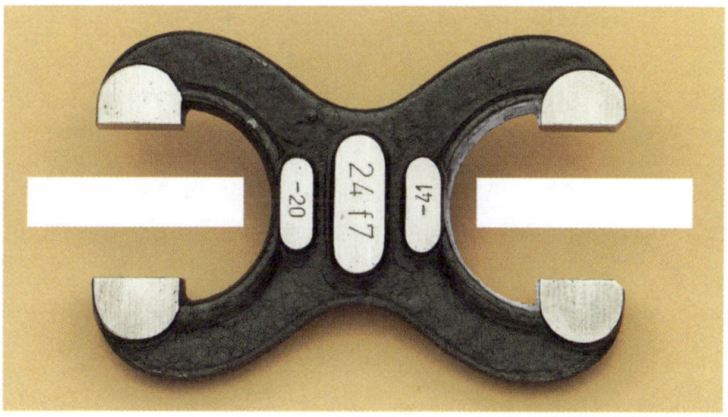

13. Wichtige Teile an allen Rollenlagerungen werden mit den erforderlichen Passungen hergestellt. Dadurch wird die Funktionsfähigkeit der Baugruppe gesichert.

- Kennzeichnen Sie alle Funktionsflächen einer Allwegrolle in der Explosionsdarstellung mit roter Farbe, die als Passungen ausgeführt werden müssen!

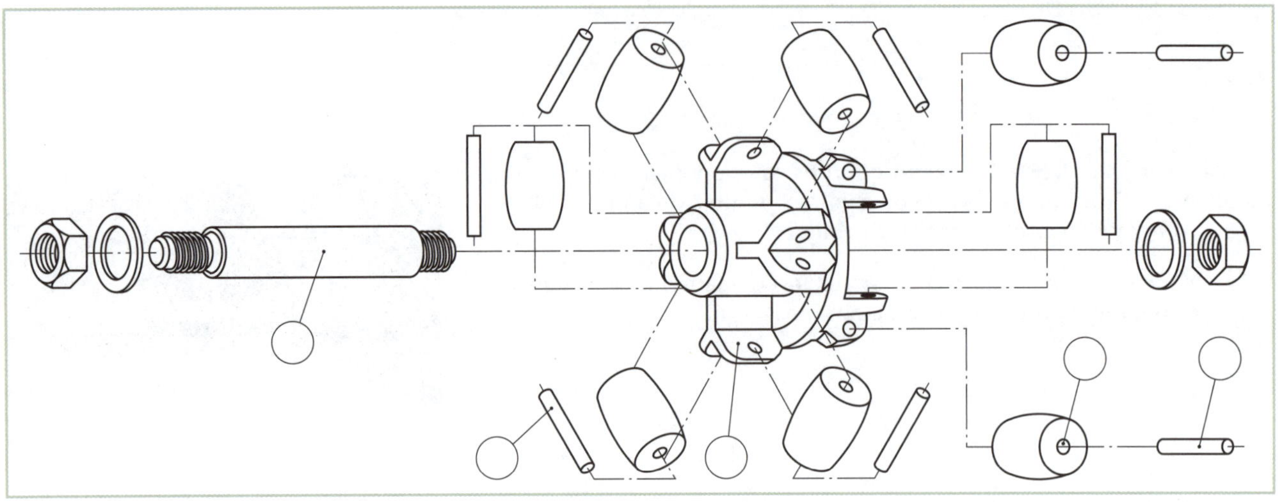

- Beschreiben Sie die Anforderungen an die drei Passungen der Allwegrolle, damit eine störungsfreie Funktion gewährleistet ist.
- Welche Passungsarten sind deshalb zu wählen?

Bauteile	Anforderungen an die Passung	Passungsart
Teile 11 und 13		
Teile 10 und 12		
Teile 11 und 12		

- Legen Sie mithilfe Ihres Tabellenbuches für eine Spiel- und die Übermaßpassung eine geeignete Passung aus dem ISO-Passungssystem fest und ermitteln Sie alle dazugehörigen Werte.

Kurzzeichen	G_{uW}	G_{oW}	G_{uB}	G_{oB}	$P_{ü}$ / P_s
Bedeutung Passung	Mindestmaß der Welle				
8H8/d9					
2,5H7/r6					

- Welche Vorteile sind für die Anwendung des Passungssystems Einheitsbohrung ausschlaggebend?

14. An einem Montagetisch für den Kunststoff-Fensterbau mussten **weitere Bohrungen** in die Halter aus verzinktem Stahl für die Lattenbürsten gebohrt werden, damit ein schonender Transport der kratzempfindlichen Kunststoffrahmen garantiert werden kann.

◆ Welchen Bohrertyp würden Sie dafür verwenden? Begründen Sie Ihre Auswahl!

___

___

___

◆ Worin unterscheiden sich die beiden anderen Bohrertypen von Ihrem gewählten Bohrertyp?

___

___

Die Keilform der Werkzeugschneide ist die Grundlage für alle spanabhebenden Werkzeuge.

◆ Benennen und ergänzen Sie die drei Winkel am Keil einer allgemeinen Werkzeugschneide! Wie groß ist die Winkelsumme?

◆ Tragen Sie in die Abbildungen der verschiedenen spanenden Werkzeuge den Keilwinkel β ein und formulieren Sie den Zusammenhang zwischen der Werkstoffhärte und der Größe des Keilwinkels!

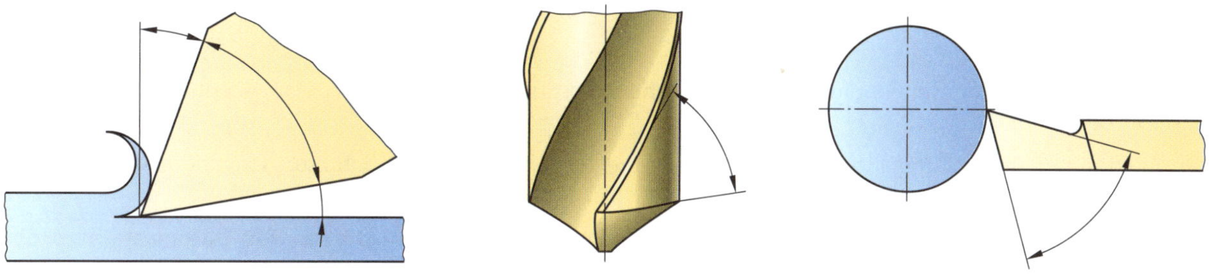

Winkelsumme: ___

Je härter der Werkstoff desto ___

15. Die Erfassung von Werkstück- und Werkzeugeometrien ist mithilfe mathematischer Grundlagen wie z. B. der Bestimmung von Winkelarten und -summen bzw. der Berechnung durch Winkelfunktionen möglich.

◆ Umrechnung von Winkelangaben:

3° 46´ 22´´: ___

14,237°: **14**° + 0,237° => 0,237 · 60´ = **14**,22´ + 0,22´ => 0,22 · 60´´ = **13**,2´´ = ___

Kratzempfindliche Materialien wie z. B. die Rahmen von Kunststofffenstern werden bei der Fertigung oder Montage schonend auf Lattenbürsten gelagert und transportiert.

◆ Tragen Sie den Neigungswinkel der Bürsten ein!

◆ Berechnen Sie den Neigungswinkel!

___

___

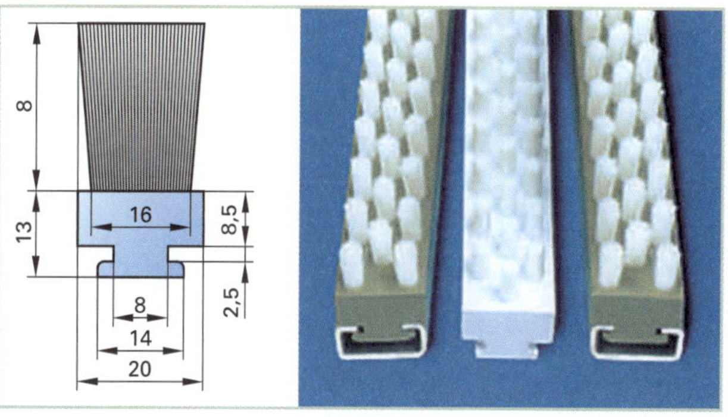

16. Der physikalische Begriff der Geschwindigkeit dient als Grundlage der Definition der Schnittgeschwindigkeit v_c in m/min bei der spanenden Bearbeitung von Kunststoffen.

◆ Definieren Sie den Begriff Schnittgeschwindigkeit und nennen Sie die Maßeinheit auf der Basis der SI-Einheiten!

Kunststoffhalbzeuge bzw. vorgearbeitete Kunststoffteile können durch unterschiedliche Fertigungsverfahren ihre Endform erhalten. Entsprechend der Teilegeometrie und der Kunststoffart kommen dabei die unterschiedlichsten Fertigungsverfahren zum Einsatz.

◆ Ergänzen Sie die Bewegungscharakteristik der Schnittbewegung durch ein Symbol. Benennen Sie die Art der Schnittbewegung und ordnen Sie weitere Fertigungsverfahren den beiden Gruppen zu!

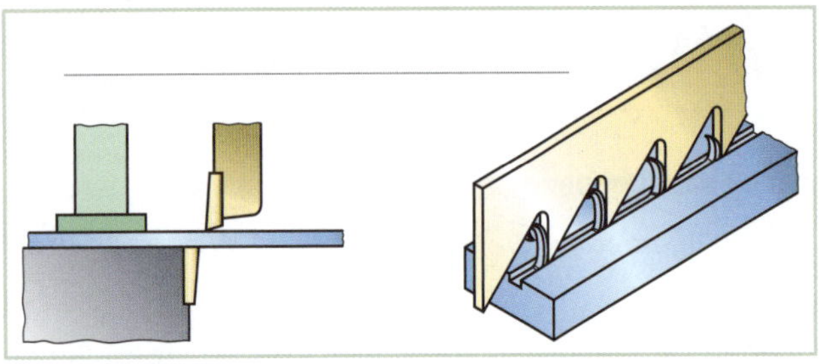

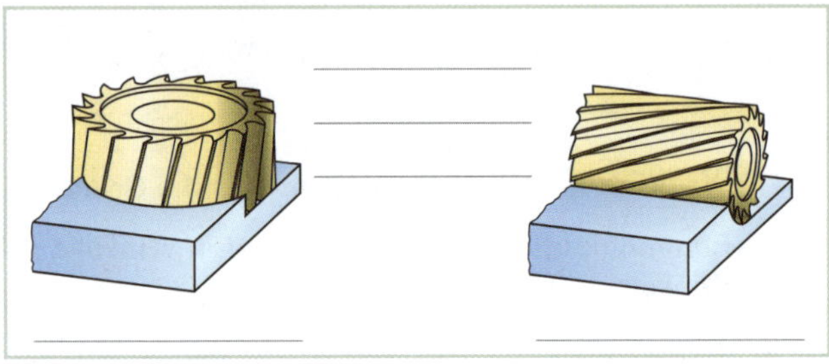

Die Größe der Schnittgeschwindigkeit v_c bei spanenden Fertigungsverfahren wird im Wesentlichen von der Kunststoffart bestimmt.

◆ Bestimmen Sie mithilfe Ihres Tabellenbuches die Richtwerte für die Schnittgeschwindigkeit v_c der abgebildeten spanenden Fertigungsverfahren für verschiedene Schneidstoffe und Kunststoffe!

◆ Begründen Sie den sehr großen Schnittgeschwindigkeitsbereich beim Drehen von Duroplaste bzw. die geringe Schnittgeschwindigkeit beim Reiben von Thermoplaste!

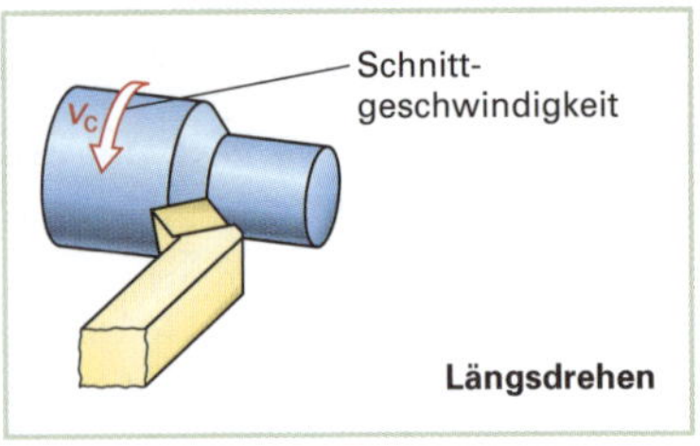

Längsdrehen

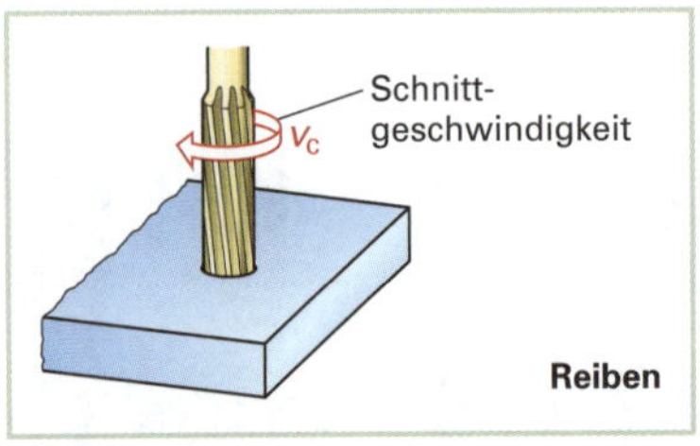

Reiben

◆ Durch welche Maßnahmen können Sie dem Aufschmelzen des Kunststoffes bei der spanenden Bearbeitung entgegenwirken?

17. Die Versandstation muss für spezielle innerbetriebliche Transportaufgaben mit Zusatzbaugruppen ergänzt werden, dazu sind spanende Bearbeitungsverfahren von Kunststoffen erforderlich, wenn Halbzeuge oder vorgefertigte Werkstücke ihre Endform erhalten sollen.

◆ Welche grundsätzlichen Arbeitsregeln sind bei der spanenden Kunststoffbearbeitung einzuhalten?

Für den Transport von stoß- und kratzempfindlichen Werkstücken sind speziell angefertigte Kunststoffeinlagen erforderlich, die durch Spiegel- oder Heizelementschweißen gefügt werden können. Dabei entsteht aber unvermeidlich ein Wulst an der Fügestelle.

◆ Welche Fertigungsverfahren eignen sich zur Entfernung des Wulstes und der Werkstücktrennung?

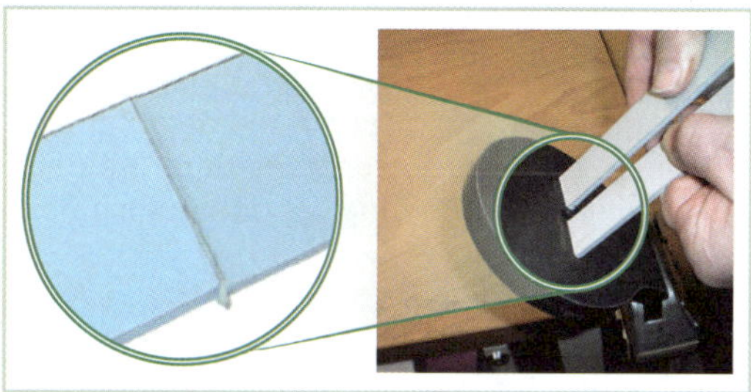

◆ Welche Spanformen entstehen bei der Bearbeitung Ihrer genannten Verfahren?

◆ Beschreiben Sie die unterschiedliche Schneidenwirkung sowie den Reibungseinfluss auf den Werkstoff der genannten Verfahren!

◆ Welche Probleme entstehen bei der Späneabfuhr?

Spanformen:

Schneidenwirkung/ Reibungseinfluss:

Späneabfuhr:

Bei der spanenden Bearbeitung von Kunststoffen mit Handwerkzeugen und rotierenden Werkzeugen sind die Schneidengeometrie und Einstellwerte den Werkstoffeigenschaften anzupassen.

◆ Bezeichnen Sie die Bohrer- und Fräsertypen, benennen Sie die Kenngrößen und ergänzen Sie Werte. Skizzieren Sie die außergewöhnlichen Zahnformen einer Surformfeile in den Vergrößerungskreis ein!

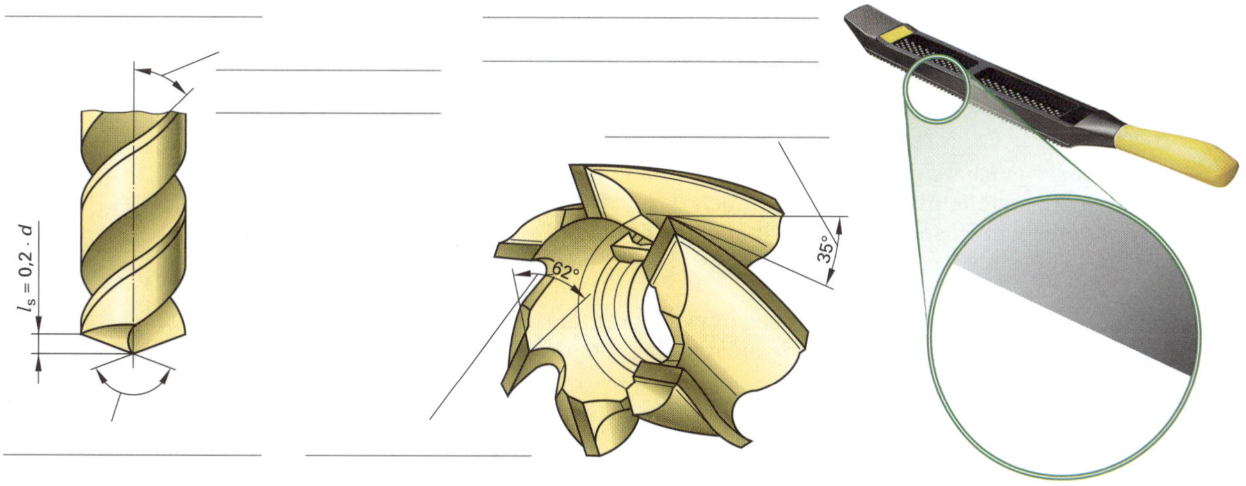

18. Bei allen Ur- und Umformverfahren beeinflusst die Prozesswärme die Formgebung von Kunststoffteilen. Die optimale Temperatur der Formmasse und des Werkzeuges sind beim Spritzgießen wichtig. An der Kontaktstelle zwischen Werkzeug und Werkstück bei trennenden Fertigungsverfahren entsteht ungewollt Wärme, die sich ungünstig auf die Werkstückgeometrie und die Werkstoffeigenschaften auswirken kann.

◆ Ermitteln Sie mithilfe Ihres Tabellenbuches die Temperaturbereiche beim Spritzgießen für die Masse und das Werkzeug bei der Herstellung der dargestellten Rollenführungen aus PA 66.

Bei der Wahl eines Kühlschmierstoffes, vor allem bei der spanenden Bearbeitung, muss bedacht werden, dass:

ein gutes Kühlmittel nur bedingt schmieren kann,
ein guter Schmierstoff nur bedingt kühlen kann.

Die direkte Einwirkung der Kühlschmierstoffe auf die Werkzeugschneide wird durch die ablaufenden Späne verhindert. Die Folge einer unzureichenden Kühlung, vor allem bei der Kunststoffbearbeitung, ist das Aufschmelzen an der Kontaktstelle.

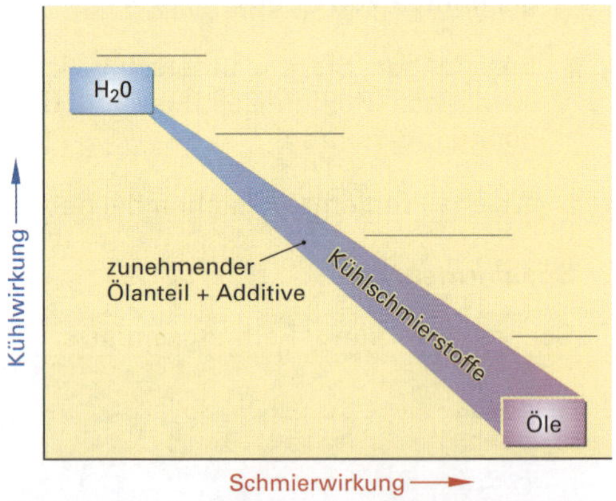

◆ Informieren Sie sich im Tabellenbuch über die Arten der Kühlschmierstoffe und ordnen Sie diesen selbstgewählte Fertigungsverfahren zu!

Beim Skinpack-Verfahren und dem Vakuum-Tiefziehen wird nach der Formgebung durch einen Luftstrom die Abkühlung der Folien bzw. der Kunststoffplatten realisiert.

◆ Begründen Sie den Einsatz des Kühlmittels Luft bei beiden Verfahren!

◆ Warum wird nicht die Werkzeugform gekühlt?

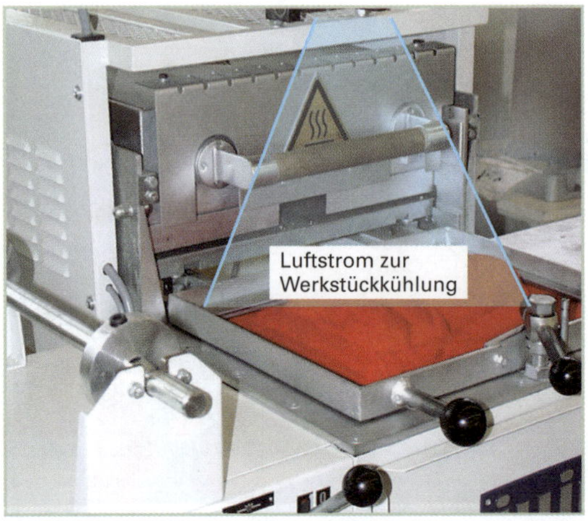

Bei den bisher genannten vorteilhaften Eigenschaften der Kühl- und Schmierstoffe muss dabei aber auch das Problem der umweltgerechten Entsorgung der verbrauchten Kühl- und Schmierstoffe beachtet werden.

◆ Worauf müssen Sie bei der Lagerung und umweltgerechten Entsorgung verbrauchter Kühl- und Schmierstoffe achten?

19. Nach Abschluss der Montage und der Qualitätskontrolle sollen geschweißte Kunststofffenster über eine Schwerlastrollenbahn als Förderstrecke zum Versand gebracht werden. Aufgrund der vorhandenen Platzverhältnisse und der Größe der Kunststofffenster musste eine gebogene Förderstrecke eingebaut werden.

◆ Welche Bauteile der Förderstrecke haben durch Biegen ihre Form erhalten? Ordnen Sie den gebogenen Bauteilen fortlaufend Nummern zu!

Während der Formgebung wird der Werkstoff durch die von außen einwirkende Biegekraft unterschiedlich an der Werkstückinnen- und -außenseite belastet. Dagegen bleibt ein Bereich spannungsfrei.

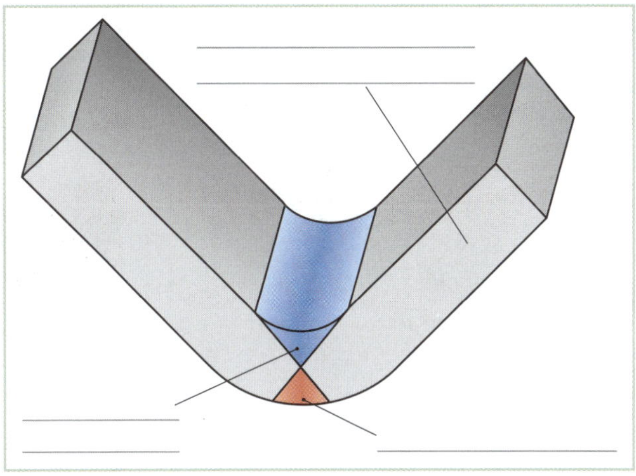

◆ Ergänzen und benennen Sie in der vorgegebenen Zeichnung die wirksamen Spannungen in der Biegezone!

◆ Markieren und benennen Sie die spannungsfreie Linie!

◆ Welche Bedeutung hat diese Linie?

Bestimmte Werkstoffeigenschaften der Biegeteile müssen bei der Fertigung beachtet werden, damit das gewünschte Arbeitsergebnis zustande kommt.

◆ Welche Fertigungsparameter müssen beim Biegen beachtet werden?

◆ Ergänzen Sie an den gebogenen Werkstücken die Kenngrößen, die das Arbeitsergebnis bestimmen!

Biegeteile können aufgrund der unterschiedlichen Kriterien wie z. B. besondere Biegeformen, gewünschte Genauigkeiten oder erforderliche Biegelänge durch verschiedene Biegeverfahren hergestellt werden.

◆ Bezeichnen Sie die abgebildeten Biegeverfahren und nennen Sie dazu praktische Anwendungsbeispiele!

20. Hängebahnen werden für spezielle Transportaufgaben eingesetzt. Gebogene Segmente in der Transportstrecke sind dabei optimale Lösungsvarianten bei der Anpassung an die betrieblichen Platzverhältnisse.

- Welche Vorteile sind bei der Anwendung von gebogenen Hängebahnen, die an die örtlichen Platzverhältnisse angepasst sind, zu erwarten?

____

____

____

Für unterschiedliche Einsatzbedingungen wird von den Herstellern der Transportsysteme ein umfangreiches Sortiment an einbaufertigen gebogenen Zusatzteilen bereitgestellt.

- Welche Teilaufgaben sind bei der Projektierung und der Herstellung von gebogenen Segmenten zu lösen?

____

____

____

Entnehmen Sie Ihrem Tabellenbuch die Gleichungen für die Berechnung von zusammengesetzten Längen und gestreckten Längen für einen Kreisring!

zusammengesetzte Längen: ____________

gestreckte Längen beim Kreisring: (Bogenlänge) ____________

- Bestimmen Sie die gestreckte Länge für das abgebildete zu biegende Segment!

Lösung:

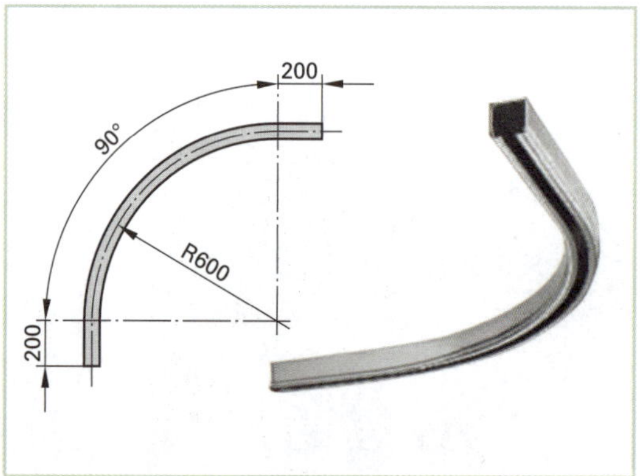

21. Die Form, die Größe und das Gewicht des Transportgutes sowie der zur Verfügung stehende Platz erfordern eine Kombination von verschiedenen Rollensystemen für einen sicheren Warentransport.

◆ Kennzeichnen Sie durch Bewegungspfeile die möglichen Transportrichtungen und die Rollenabstände der unterschiedlichen Rollensysteme!

Allseitenrollenschienen vom Typ AR 10 werden eingesetzt, wenn in den Förderrichtungen gleich große Verschiebekräfte gewünscht werden. Zwei in der Höhe unterschiedlich gefertigte Lochreihen variieren die Einbauhöhe und damit die Einsatzbedingungen. Für empfindliche Güter werden Soft-Rollen vom Typ ASRS 50 verwendet.

◆ Wodurch wird ein sicherer Werkstücktransport mit verschiedenen Rollensystemen garantiert?

____

____

____

◆ Benennen Sie für nachfolgende Berechnungen die beiden Möglichkeiten der Längenteilungen und entnehmen Sie aus Ihrem Tabellenbuch die mathematischen Formeln zur Berechnung.

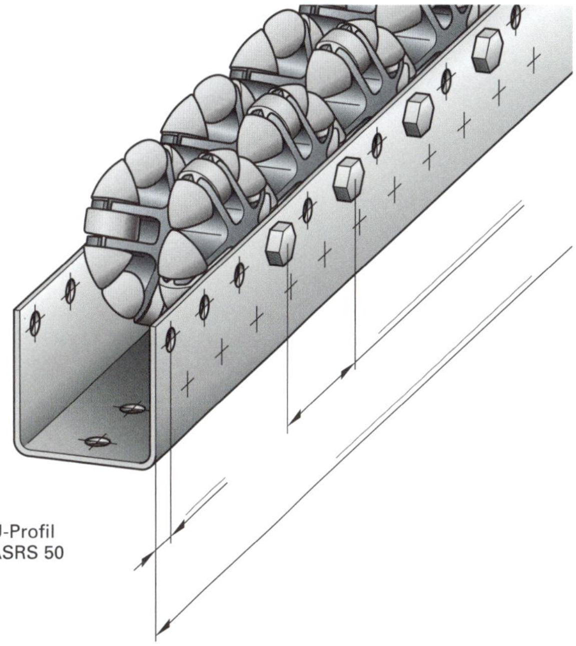

◆ Ergänzen Sie in der Darstellung eines U-Profils vom Typ ASRS 50 die Bemaßung für die Teilung *p* der Bohrungsabstände, des Randabstandes *a* und die Gesamtlänge *l*!

22. An vorhandenen betrieblichen Transportanlagen müssen oft kurzfristig Veränderungen vorgenommen werden. Dazu sind Berechnungen zu den erforderlichen Lochabständen, die Herstellung und die Prüfung der neuen Anlagen erforderlich.

◆ Berechnen Sie die Länge einer Palettenrollenschiene, wenn Sie kugelgelagerte Stahlrollen mit der Typenbezeichnung NR 100/052/1 verwenden. Die Randabstände *a*, *b* sollen 13 mm, die Teilungsabstände 52 mm betragen. Auf der gesamten Länge sollen 8 Löcher verfügbar sein.

geg.: $a = b = 13$ mm

$p = 52$ mm, $n = 8$ Löcher

ges.: l Gesamtlänge in mm

Lösung:

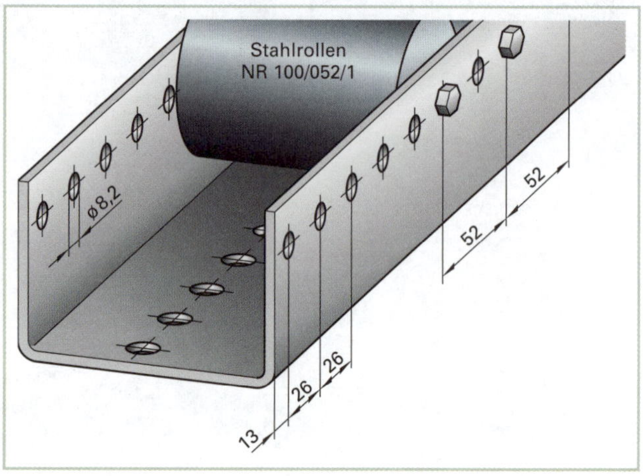

23. Die Kontrolle der Maße *a*, *b* und *p* ist mit einer einfachen Prüflehre möglich. Konstruieren Sie für eine spätere Herstellung eine geeignete Prüflehre.

◆ Skizzieren Sie den Entwurf Ihrer Prüflehre, die eine Prüfgenauigkeit von +/– 0,1 mm garantiert!

◆ Beschreiben Sie kurz das Funktionsprinzip!

◆ Verwenden Sie für die Prüflehre vorrangig Normteile!

Funktionsprinzip

Versuche und Übungen

Grundlagen der Messtechnik

1. Beim Fügen von Kunststoffteilen traten unerwartet Probleme auf, einige Teile passten nicht. Durch Prüfen wurden Abweichungen der Werkstückmaße von den Zeichnungsangaben festgestellt.

   ◆ Informieren Sie sich im Lehrbuch zum Sachverhalt Prüfabweichungen und beschreiben Sie den Fachbegriff!

2. Alle Messergebnisse werden durch systematische und zufällige Messabweichungen beeinflusst.

   ◆ Beschreiben Sie kurz die Fachbegriffe systematische und zufällige Messabweichung!

   ◆ Nennen Sie für beide Arten mögliche Ursachen!

Systematische Messabweichung	Zufällige Messabweichung
Ursachen:	**Ursachen:**

3. Für die Bestimmung der Bauteilabmessungen eignen sich Stahlmaßstäbe.

   ◆ Nennen Sie die wichtigsten Handhabungshinweise beim Messen mit Stahlmaßstäben!

   Handhabung:

4. Ableseübung zur Bestimmung von Werkstückmaßen mit einem Stahlmaßstab in Millimeter (mm) und Zoll (inch).

   a) CD-Durchmesser D_a und d_i in mm:

   D_a = ________ mm d_i = _____ mm

   b) CD-Außendurchmesser D_a in inch:

   $D_a = 4 + \frac{1}{2} + \frac{2}{8}$ inch $= 4 + \frac{4+2}{8}$ inch

   $D_a = \mathbf{4\frac{3}{4}}$ **inch**

   c) CD-Innendurchmesser d_i in inch

   d_i = inch = inch

   d_i = inch

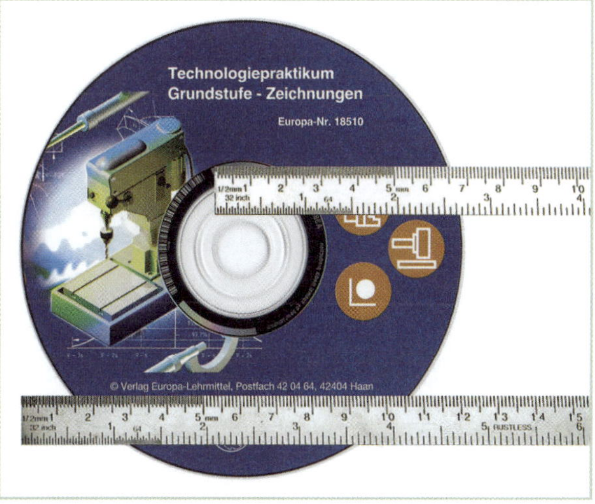

Messwerterfassung mit einem Stahlmaßstab

5. Messübungen mit einem Stahlmaßstab (Millimeter- und Zollteilung)

◆ Ermitteln Sie alle Maße D_a bis b und tragen Sie die Ergebnisse ins Messprotokoll ein!

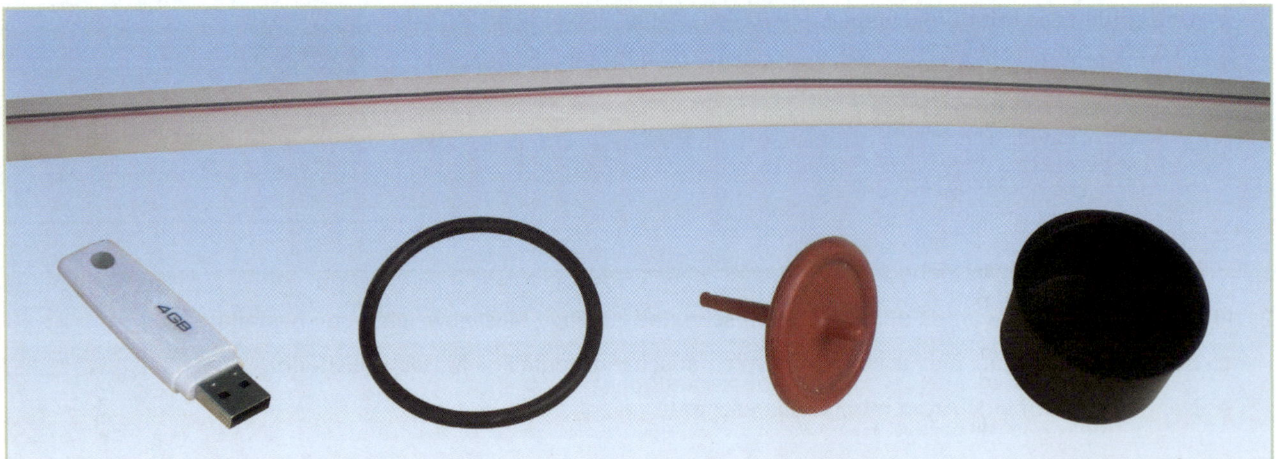

Zulässige Messabweichung: ± 0,5 mm/ ± $\frac{1}{64}$ inch

◆ Messprotokoll für die Prüfwerkstücke

Werkstück	PE-Schlauch		Stickkontakt		Gummidichtring			Kreisel		Becher	
Messstelle	D_a	t	a	b	D_a	d_i	ø	D_a	h	D_a	d_i
Messwerte in mm											
Messwerte in Zoll											

◆ Berechnungsbeispiel für die Umwandlung der Maßeinheiten: Zoll in mm; mm in Zoll

1 inch = 1 Zoll = 25,4 mm; **1 mm = $\frac{1}{25{,}4}$ inch**

a) $l_1 = 4\frac{3}{4}$ inch = ? mm

Lösung: 1 inch = 25,4 mm

$4\frac{3}{4}$ inch = $\frac{19}{4}$ inch

$l_1 = \frac{25{,}4 \text{ mm} \cdot 19}{4}$

$\mathbf{l_1 = 120{,}65\ mm}$

b) l_2 = 15 mm = ? inch

6. Übungsaufgaben

◆ Was verstehen Sie unter den Fachbegriffen Skalenteilungswert Skw und Messbereich Meb?

Skw: ____________________

Meb: ____________________

◆ Wie groß sind der Skalenteilungswert und der Messbereich Ihres Stahlmaßstabes? ____________

◆ Wandeln Sie nachfolgende Messwerte um:

$1\frac{1}{2}$ inch = ________ $2\frac{1}{4}$ inch = ________ 9,525 mm = ________ 69,85mm = ________

Prüfmittelkontrolle und Noniusarten

1. Die Messschieber unterliegen selbst bei richtigem Gebrauch einem nachweisbaren Verschleiß. Dadurch ergeben sich zwangsläufig Abweichungen beim Messen. Die Kontrolle der Messgenauigkeit von Messschiebern ist deshalb in regelmäßigen Abständen durchzuführen.

- Überprüfen Sie mit der Lichtspaltmethode die Parallelität der Messschenkel Ihres Messschiebers!
- Vergleichen Sie die Größe des Lichtspaltes Ihres Messschiebers mit der Dicke eines Papierblattes!
- Überprüfen Sie die Anzeigegenauigkeit Ihres Messschiebers mit einem Parallelendmaß 20 mm!

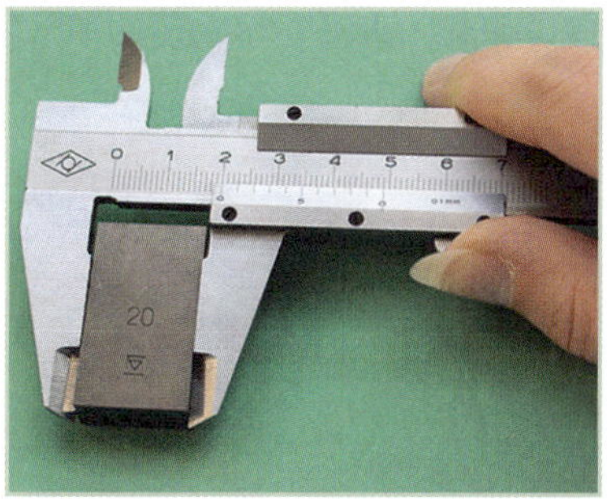

- Beurteilen Sie Ihren Messschieber bezüglich der festgestellten Parallelität der Messschenkel und der Anzeigegenauigkeit durch die beiden Überprüfungsmethoden!

Lichtspalt und Parallelität sind: ______________________________

2. Mit den unterschiedlichen Noniusarten mechanischer Messschieber werden Messgenauigkeiten zwischen 0,1 mm bis 0,02 mm erreicht.

- Bestimmen Sie die Noniuslänge, die Unterteilung, den Teilungsabstand, den Noniuswert sowie den angezeigten Messwert der abgebildeten Messschieber!
- Stellen Sie die abgebildeten Messwerte an Ihren Messschiebern ein!

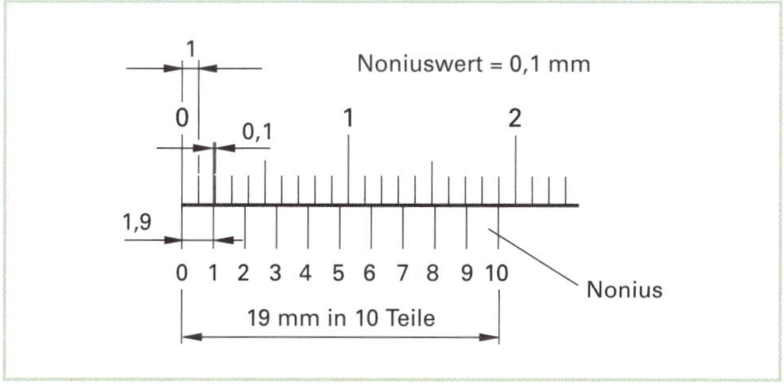

Noniuslänge 19 mm

Unterteilung in 10 Teile

Teilstrichabstand 1,9 mm

Noniuswert 0,1 mm

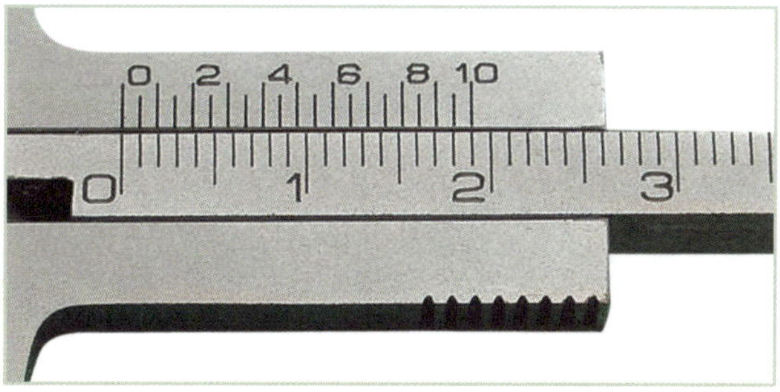

Noniuslänge ____ mm

Unterteilung in ____ Teile

Teilstrichabstand ______ mm

Noniuswert ______ mm

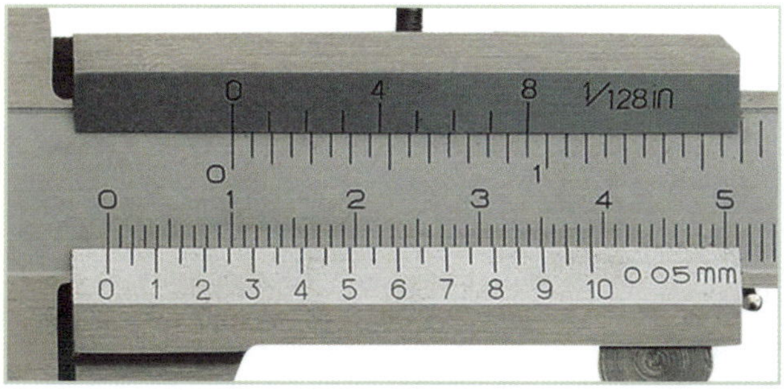

Noniuslänge ____ mm

Unterteilung in ____ Teile

Teilstrichabstand ______ mm

Noniuswert ______ mm

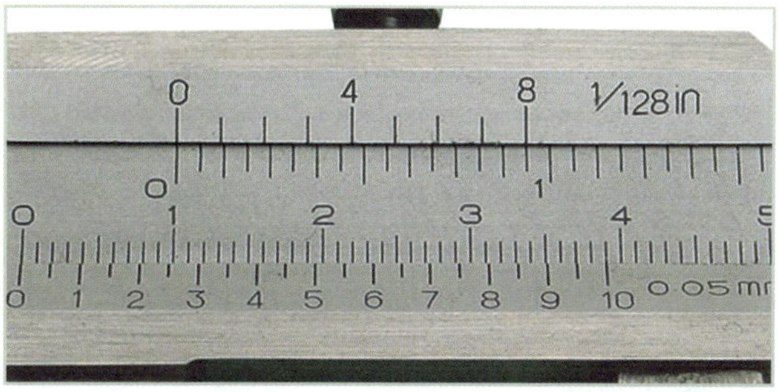

Noniuslänge Inch ______

Unterteilung in ___ Teile

Teilstrichabstand ______ Inch

Noniuswert ______ Inch

Handhabung von Messschiebern

3. Die Messergebnisse bei der Außen-, Innen- und Tiefenmessung an Werkstücken werden durch den Aufbau und die Handhabung der verschiedenen Messschieberarten beeinflusst.

- Ermitteln Sie von den Messpositionen **1**, **2** und **3** die Größen der Messabweichungen mit einem digitalen Messschieber bei annähernd gleichgroßer Messkraft F_M!

Messabweichungen: MA_1 = mm MA_2 = mm MA_3 = mm

- Beschreiben Sie die Auswirkung auf das Messergebnis bei zu **großer** Messkraft F_M sowie falscher Messposition!
- Nennen Sie die Möglichkeiten der Fehlerminimierung!
- Skizzieren Sie in die Prinzipiendarstellung für die Messposition 3 die Lageveränderung des beweglichen Messschenkels und die daraus entstehende Messabweichung MA_3 bei zu großer Messkraft F_M!

Bezeichnung	Kippfehler
Auswirkungen	
Möglichkeiten zur Fehlervermeidung	

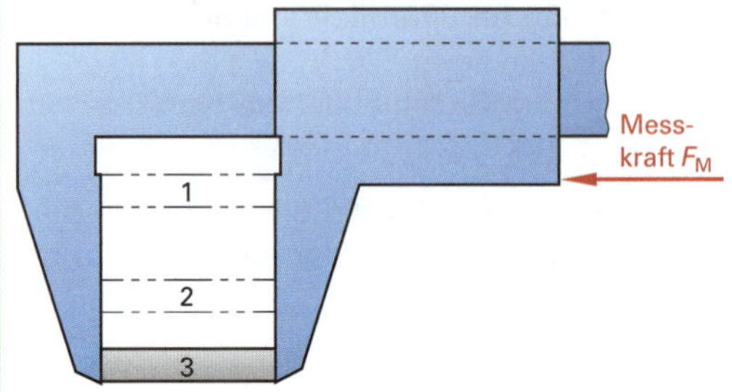

- Bewerten Sie mit richtig oder falsch die Blickrichtung bei der Messwerterfassung am Messschieber!
- Beurteilen Sie die unterschiedlichen Auswirkungen der falschen Blickrichtungen und beschreiben Sie die Möglichkeit der Fehlerminimierung!

Bezeichnung	Parallaxefehler
Auswirkungen	
Möglichkeiten zur Fehlervermeidung	

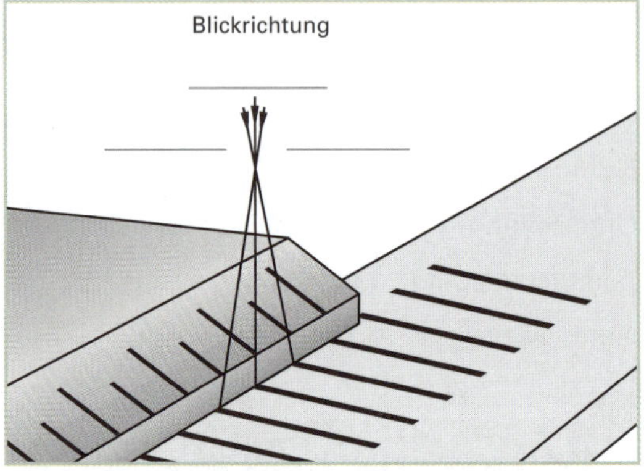

- Ordnen Sie die aufgeführten Ursachen in zufällige und systematische Messabweichungen ein!
- Wie können diese Messabweichungen vermieden werden?

Ursachen	systematisch	zufällig	Verminderung der Messabweichungen
Ablesefehler			
Grat am Werkstück			
Erwärmtes Werkstück $> \vartheta_{20}$			
Teilungsfehler am Messgerät			

Lernfeld 2 Handhabung und Pflege von Messgeräten

Strichmaßstab und Messschieber

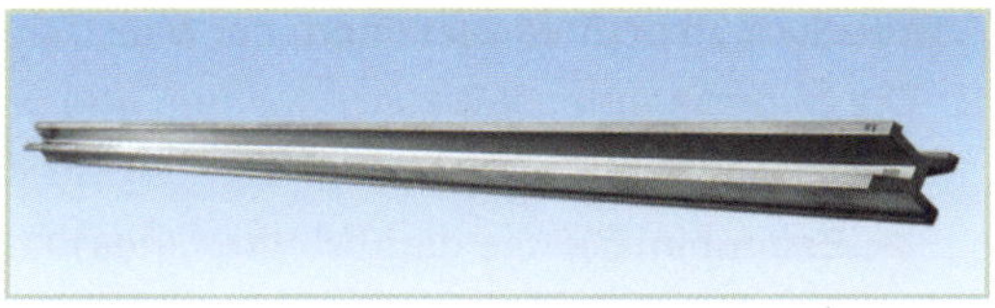

1. Für die qualitative Bewertung von Spritzgusswerkstücken ist unter anderem die Bestimmung der Längenmaße wichtig. Die veraltete Meterdefinition und der Meterprototyp ist für genauere Längenmessungen ungeeignet. Grundlage für die moderne Längenmessung ist die SI-Einheit „Meter".

   ◆ Veranschaulichen Sie sich die neueste, schwer verständliche Festlegung für die Längeneinheit „Meter".

   „Das Meter ist die Länge der Strecke, die das Licht im Vakuum während des Intervalls von 1 / 299 792 458 Sekunden durchläuft."

   Der Aufbau und die Wirkungsweise aller Längenmessgeräte müssen nach den unterschiedlichen Messaufgaben konzipiert werden. Einheitliche messtechnische Grundbegriffe erleichtern die Messtätigkeit mit unterschiedlichen Längenmessgeräten.

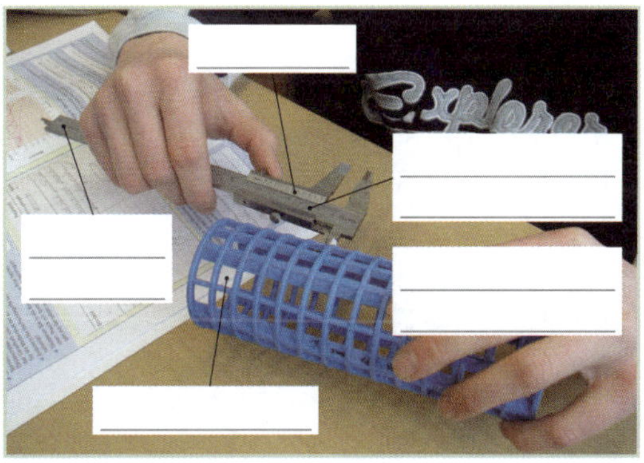

   ◆ Tragen Sie in die dargestellte Messaufgabe folgende wichtige messtechnische Begriffe ein!

   Messgröße ***M***

   Anzeige ***Az***

   Skalenteilungswert ***Skw***

   Messwert ***Mw***

   Messbereich ***Meb***

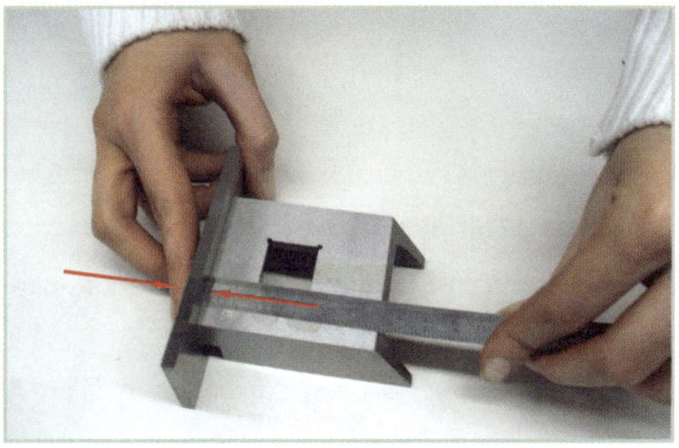

2. Handhabung und Pflege von Längenmessgeräten mit Messgenauigkeiten bis 0,001 mm.

   Strichmaßstäbe – Für einfache Messaufgaben in Werkstätten und Laboren sind Maßverkörperungen mit Skalenteilungswerten von 0,5 mm bzw. 1/64 inch geeignet.

   ◆ Worauf müssen Sie beim Messen mit Strichmaßstäben achten?

   ____

   ____

   Messschieber – Außen- und Innenformen der Werkstücke können schnell und sicher bis zu einer Genauigkeit von 0,02 mm mechanisch und 0,01 mm digital gemessen werden.

   ◆ Welche Arbeitsregeln sind zu beachten?

   ____

   ____

   ____

   ◆ Üben Sie den Gebrauch eines Taschenmessschiebers an den dargestellten Werkstückformen!
   Beurteilen Sie, ob die Vorgehensweise richtig oder falsch ist.

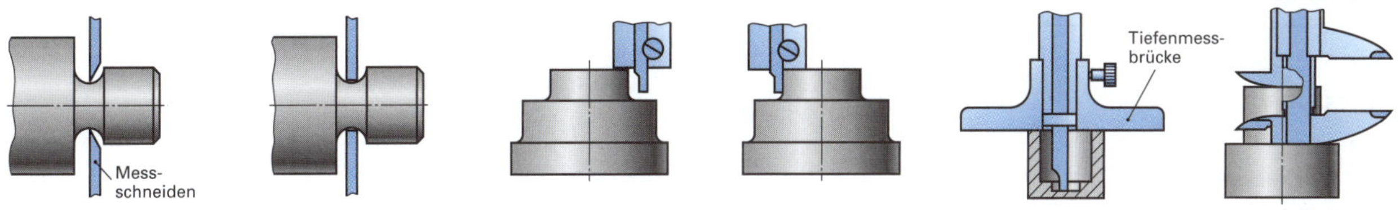

Messen von Einstichen | Messabweichung durch Messflächen | Abstandsmessung mit der Tiefenmessstange | Innenmessung | Abstandsmessung

Anwendungsbeispiele verschiedener Messschieberarten

1. Die zu messenden Werkstückformen und die geforderte Messgenauigkeit können nur durch aufgabenspezifische Messschieberarten sicher durchgeführt werden.
   - Benennen Sie die dargestellten Messaufgaben!
   - Skizzieren Sie die Messschnäbelformen an die Messschieber für die dargestellten Messaufgaben!

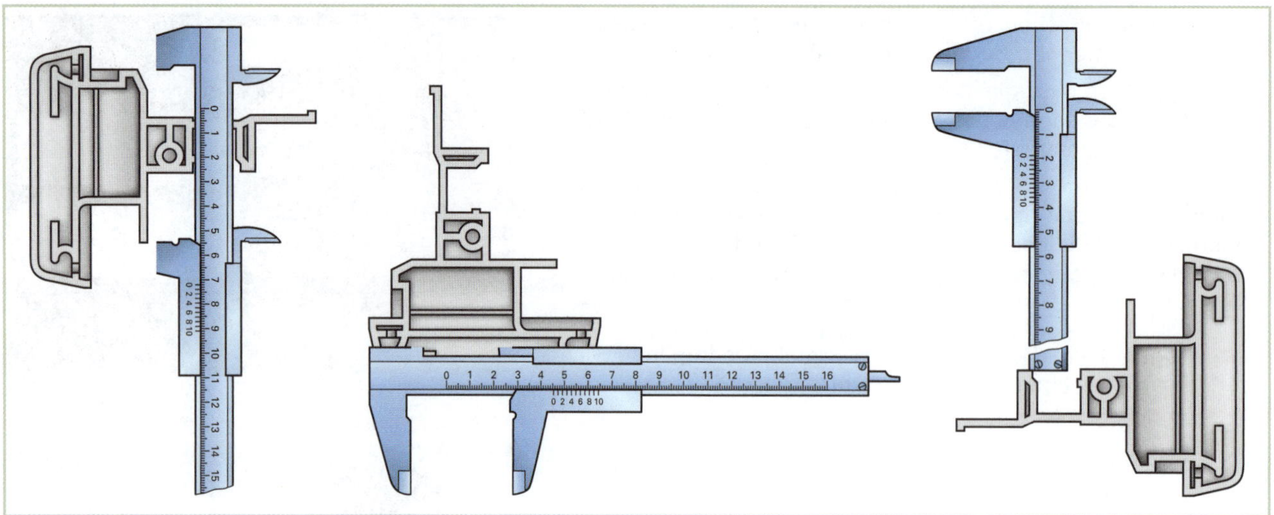

______________________ ______________________ ______________________

2. Messwerterfassung mit verschiedenen Messschieberarten.
   - Ermitteln Sie alle Maße des Werkstückes in mm durch geeignete Messschieberarten!

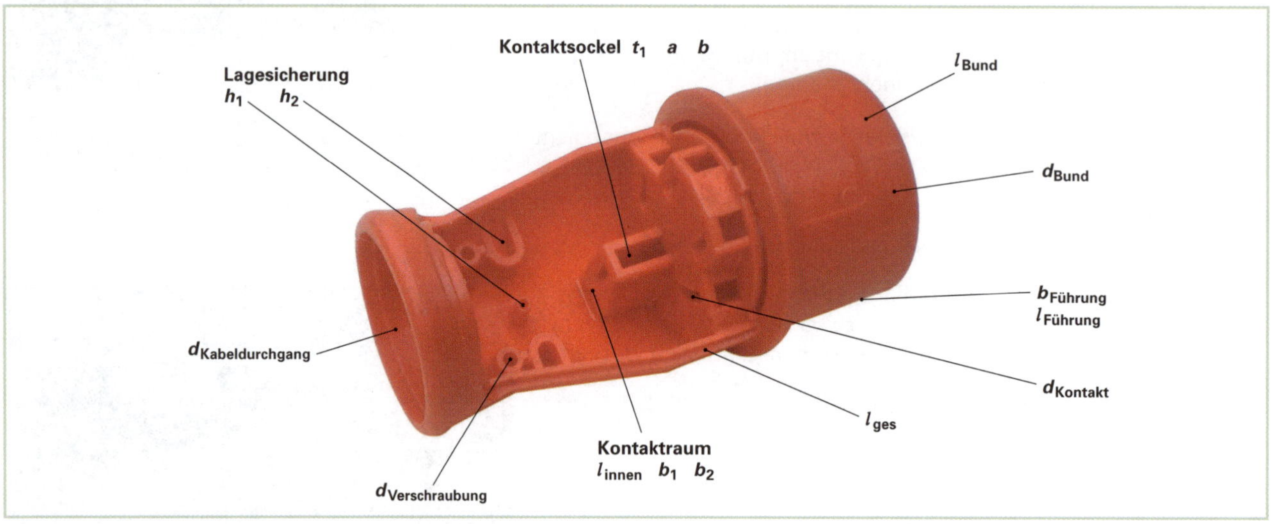

- Messprotokoll für das Prüfwerkstück

Messposition	l_{ges}	d_{Bund}	$l_{Führung}$	$b_{Führung}$	l_{Bund}	Kontaktsockel t_1	Lagesicherung h_1	Lagesicherung h_2
Messschieberart								
Messwerte								

Messposition	Kontaktraum						
	l_{innen}	b_1	b_2	$d_{Kabeldurchgang}$	$d_{Kontakt}$	$d_{Verschraubung}$	Kontaktsockel $a \times b$
Messschieberart							
Messwerte							

Messwerterfassung mit Messschiebern

3. Erfassen Sie die Werkstückabmessungen mit einem analogen bzw. digitalen Messschieber.
   - Kontrollieren Sie Ihre Messmittel vor dem Messen sorgfältig auf Funktionstüchtigkeit!
   - Ordnen Sie alle Werkstückgrößen nach Außen-, Innen- und Tiefenmessung ein!
   - Messen in einer Lerngruppe: Jeder Schüler erfasst die Werkstückgrößen *a* bis *l* und trägt diese in seine Messreihe ein. Daraus ist der Mittelwertunterschied Δx der Lerngruppe zu berechnen!

Lagersichtbox Gr. 2

Außenmessung: ______ Innenmessung: ______ Tiefenmessung: ______

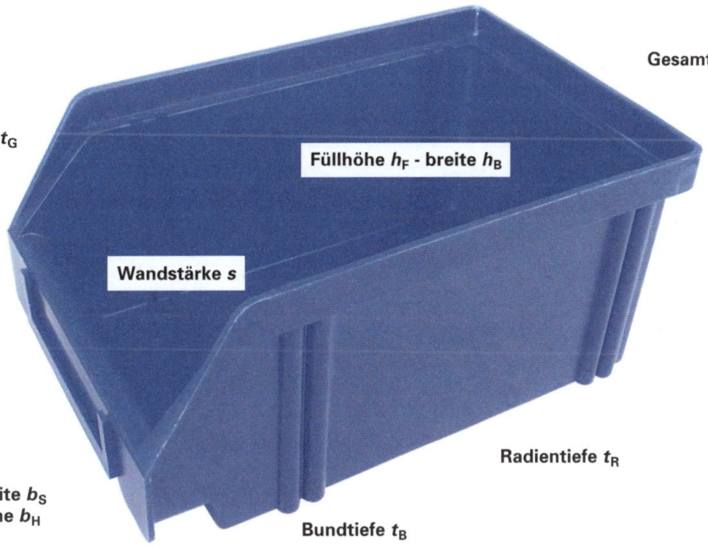

Zulässige Messabweichung für die Gesamthöhe *h* bis Füllhöhe h_F: ± 0,1 mm

- Messprotokoll für das Prüfstück

Messstelle	Gesamthöhe *h*	Gesamtbreite *b*	Gesamtlänge *l*	Wandstärke *s*	Füllhöhe h_F	Füllbreite h_B
Messreihe 1						
Messreihe 2						
Messreihe 3						
Mittelwertunterschiede Δx						

Messstelle	Schriftfeldbreite b_S	Schriftfeldhöhe b_H	Radientiefe t_R	Grifftiefe t_G	Bundtiefe t_B
Messreihe 1					
Messreihe 2					
Messreihe 3					
Mittelwertunterschiede Δx					

4. Übungsaufgaben
   - Ermitteln Sie mehrmals mit der Tiefenmessstange eines Universalmessschiebers bzw. eines Tiefenmessschiebers die Füllhöhe h_F und begründen Sie die unterschiedlichen Messergebnisse!

   Messergebnisse: ______

   - Warum können keine Kippfehler beim Gebrauch beider Messgeräte auftreten?

   ______

Messschraube

Grundlagen der Messwerterfassung

1. Für genauere Außen- und Innenmessungen werden Messschrauben verwendet. Sie besitzen eine Ablesegenauigkeit von 0,01 mm. Große Sorgfalt ist bei der Lagerung und Bedienung der Messschrauben erforderlich.

- Messen Sie ein 20 mm Parallelendmaß mit einer mechanischen Messschraube jeweils 2-mal durch Betätigung der Skalentrommel (Vorsicht!) und der Rutschkupplung!
- Welche Auswirkung auf das Messergebnis hat eine zu große Messkraft F_M?
- Bemaßen Sie in der Prinzipskizze die Werkstücklänge mit l_{Wst} und die entstehende Prüflänge mit $l_{Prüf}$ bei zu großer Messkraft F_M und beschreiben Sie kurz den sachgemäßen Gebrauch!

Messvorgang	Skalentrommel	Rutschkupplung
Messwerte x		
Auswirkung durch zu großer Messkraft F_M		
Gebrauchshinweis für Messschrauben		

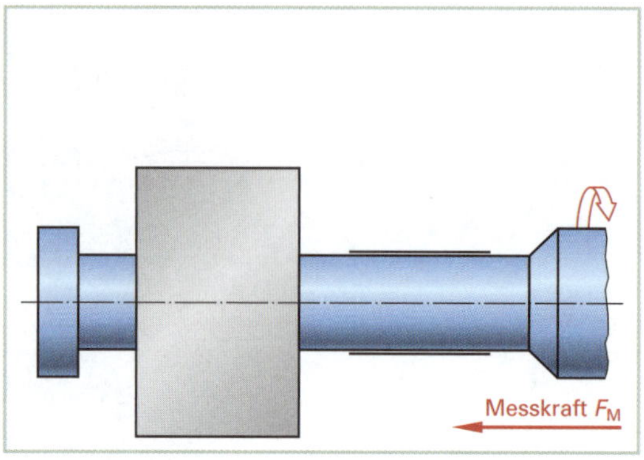

- Bestimmen Sie experimentell und durch Berechnung den Temperatureinfluss auf das Messergebnis beim Gebrauch einer Messschraube mit der Bezugstemperatur ϑ_{20} auf Handwärme ϑ_{37}!
  Verwenden Sie dazu ein 100 mm-Parallelendmaß. Berechnung der Längenänderung Δl:

Versuch zur Bestimmung der Längenänderung Δl:

geg.: $\Delta t = 17\ °C$, $l_1 = 100$ mm ges.: $\Delta l: = ?$ µm

α_{Stahl} = 1/°C

Lösung: $\Delta l: = \alpha \cdot l_1\ \Delta t$

Δl =

Δl = mm

Δl = µm

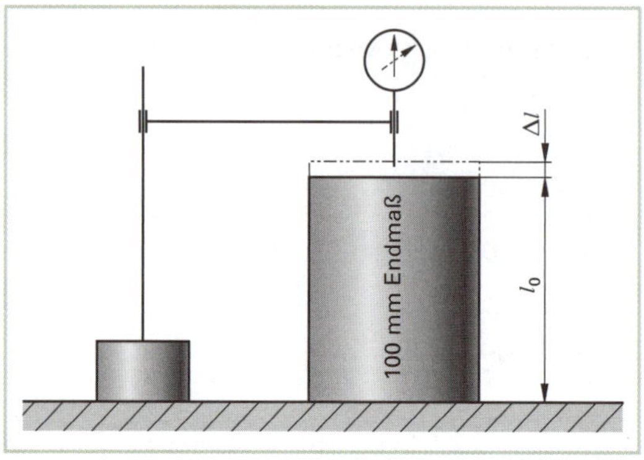

- Tragen Sie vom Berechnungsbeispiel die veränderte Messwertanzeige an der Skalentrommel ein!
- Welche Art der Messwertabweichung entsteht durch Temperaturschwankungen?

Art der Messabweichung:

- Durch welche Einflüsse erwärmen sich Werkstücke bei der Fertigung und Prüfung ($\vartheta_{mess} > \vartheta_{20}$)?
- Nennen Sie geeignete Maßnahmen zur Vermeidung!

Werkstückerwärmung	Vermeidung

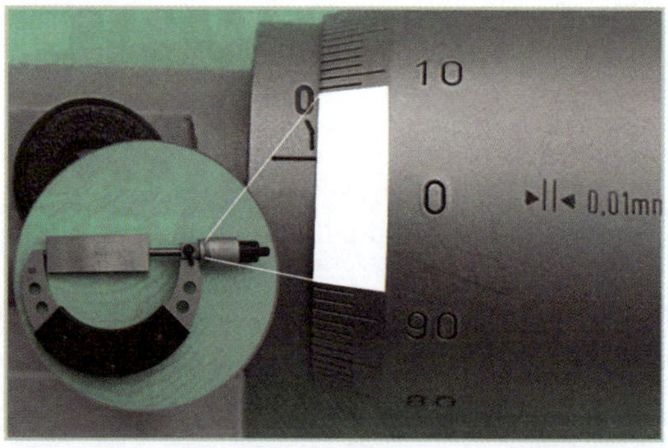

Lernfeld 2

Messwerterfassung mit verschiedenen Messschrauben

2. Der Grundaufbau aller mechanischen Messschrauben ist ähnlich. Die jeweilige Messaufgabe erfordert jedoch speziell angepasste Formen der Messflächen.

◆ Benennen Sie die mit Zahlen gekennzeichneten typischen Bauteile der Bügelmessschraube!

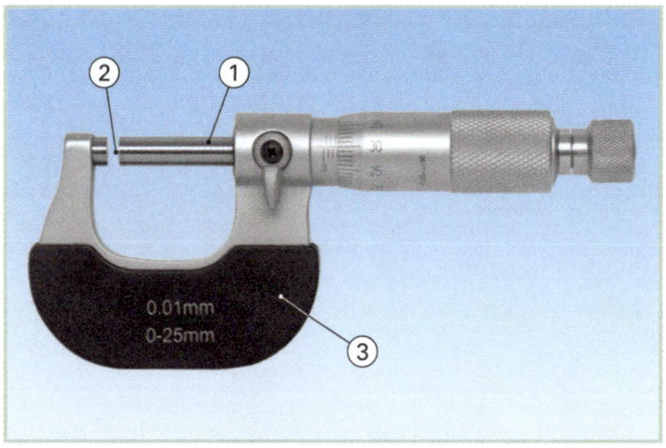

____

____

____

____

3. Erfassen von Werkstückabmessungen mit Außen-, Innen- und Tiefenmessschrauben.

◆ Kontrollieren Sie Ihre Messmittel vor Arbeitsbeginn sorgfältig auf Funktionstüchtigkeit!

◆ Bestimmen Sie von einem Blendrahmen selbstgewählte Außen-, Innen- und Tiefenmaße!

◆ Messen in einer Lerngruppe: Jeder Schüler erfasst die festgelegten Werkstückgrößen und trägt diese in seine Messreihe ein. Daraus ist der Messwertunterschied Δx der Lerngruppe zu errechnen!

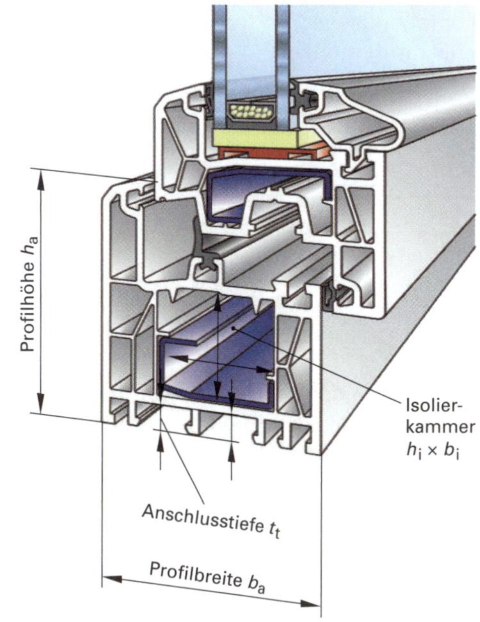

Außenmessung:

____

Innenmessung:

____

Tiefenmessung:

____

Zulässige Messabweichung: ± 0,01 mm

◆ Messprotokoll für die festgelegten Funktionsmaße des Blendrahmens

Messposition			
Messreihe 1			
Messreihe 2			
Messreihe 3			
Messwertunterschied Δx			

4. Übungsaufgabe

◆ Begründen Sie, warum Bügelmessschrauben regelmäßig auf Maßhaltigkeit zu prüfen sind! Fragen Sie in Ihrer Ausbildungsstätte nach dem festgelegten Zeitraum!

____

____

Bügelmessschraube und Parallelendmaße

Bei der Verwendung von elektronischen Messschiebern ergeben sich weitere Einsatzmöglichkeiten.

◆ Benennen Sie die dargestellten Messübungen, wodurch sind die Messaufgaben möglich?

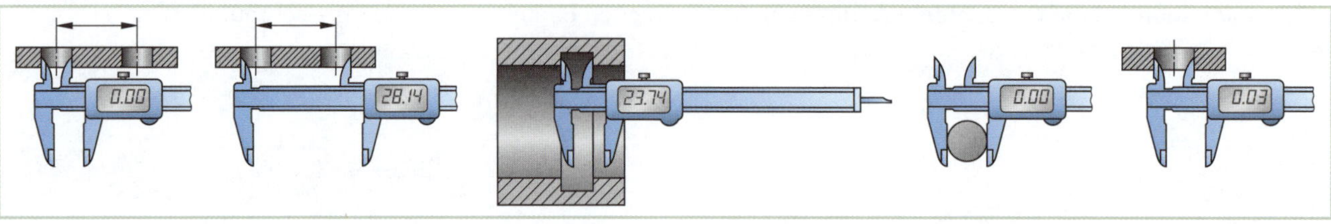

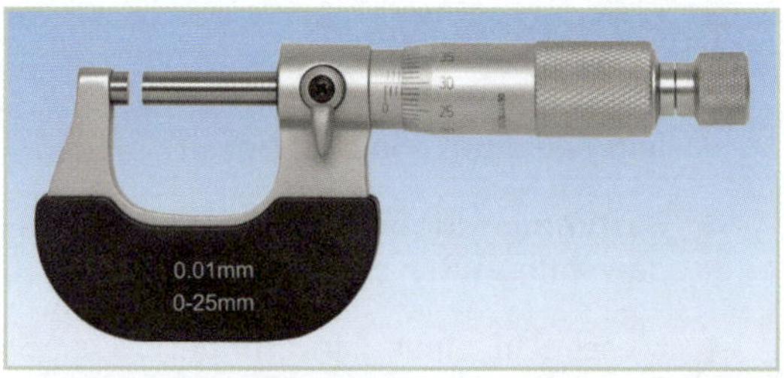

Bügelmessschrauben – die Gewindesteigung der geschliffenen Messspindel ist die Maßverkörperung, damit ist ein Skalenteilungswert bei mechanischen Bügelmessschrauben von 0,01 mm möglich.

◆ Welcher Vorteil ergibt sich beim Messen mit Messschrauben gegenüber Messschiebern?

◆ Worauf müssen Sie beim Gebrauch jedoch achten?

◆ Üben Sie den sachgemäßen Gebrauch an typischen Werkstücken. Verwenden Sie dazu verschiedene Ausführungsformen von mechanischen und elektronischen Messschrauben!

Parallelendmaße – die Maßverkörperung ist der parallele Abstand von gegenüberliegenden Endflächen. Diese Endflächen besitzen sehr geringe Ebenheits- und Parallelitätsabweichungen, sodass Längenmesswerte mit 0,001 mm Genauigkeit gemessen werden können. Parallelendmaße bestehen aus Stahl, Hartmetall oder Keramik. Mit einem Normalsatz können alle Passmaße zwischen 1 mm bis 102,99 mm zusammengestellt werden.

◆ Welche Arbeitsregeln sind für den Gebrauch von Parallelendmaßen einzuhalten?

◆ Bestimmen Sie zur Prüfung eines Passmaßes 40g7 die erforderlichen Parallelendmaßkombinationen!

◆ Stellen Sie beide Parallelendmaßkombinationen aus einem Normalkasten her und überprüfen Sie das Passmaß 40g7!

Längen- und Winkelmessgeräte mit Toleranzvorgaben

1. Innen-, Außen- und Tiefenmaße an Werkstücken mit Toleranzvorgaben von ± 0,01 mm können mit verschiedenen Messschrauben ermittelt werden.
   - Benennen Sie die abgebildeten Messschrauben!
   - Bestimmen Sie die abgebildeten Einstellwerte der Messschrauben!

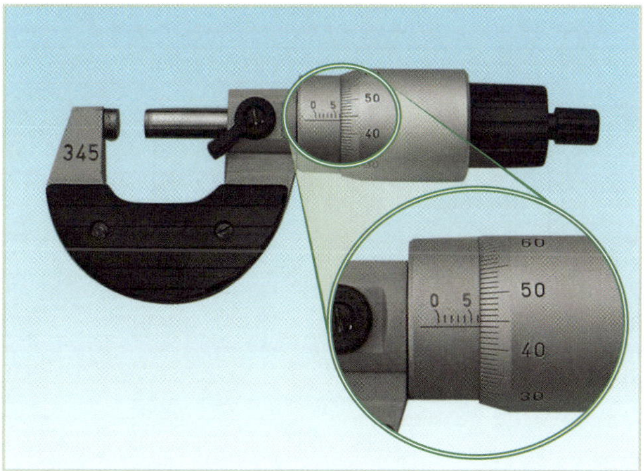

Messwert: ______ mm

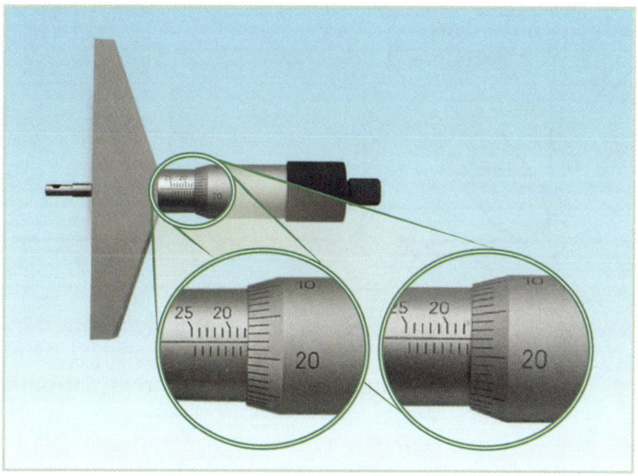

Messwerte: ______ mm ______ mm

- Wie groß sind die Steigungen *P* der Gewindespindeln beider Messschrauben?
- Wie viele Teilstriche befinden sich auf der Skalentrommel?
- Wievielmal müssen Sie die Skalentrommel für eine Messstrecke von einem Millimeter drehen?

Steigung *P* der Gewindespindel	*P* = ____ mm	*P* = ____ mm
Teilstriche auf der Skalentrommel	______	______
Umdrehung der Skalentrommel	______	______

2. Für die Winkelmessung an Werkstücken im Toleranzbereich von + 5′ eignet sich der Universalwinkelmesser.
   - Ermitteln Sie die Winkel in Grad und Minuten!
   - Stellen Sie beide Winkelmaße an Ihrem Universalwinkelmesser ein!

Ablesung
linksdrehend

Messwert: α = ______

Ablesung
rechtsdrehend

Messwert: α = ______

Auswahl geeigneter Prüfmittel

3. Die Übergänge an Werkstückkanten können durch Innen- bzw. Außenradien gefertigt werden.

◆ Skizzieren Sie an die vorgegebenen Werkstückkanten die entsprechenden Radienlehren mit einem einwandfreien Lichtspalt sowie die entstehenden Lichtspalte bei Nacharbeit und Werkstückausschuss!

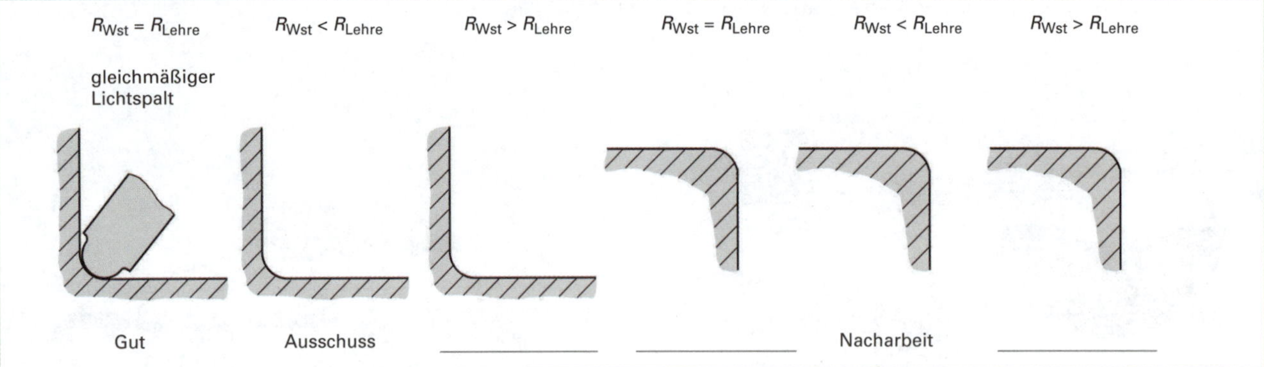

◆ Nennen Sie weitere Prüfmittel zur Lichtspaltmethode! ____________________

4. Messwerterfassung

◆ Wählen Sie für die vorgegebenen Toleranzen der Werkstückformen geeignete Prüfmittel aus!

◆ Ermitteln Sie die Messwerte und verwenden Sie für die Tabelle die Abkürzungen!
(**UMS** für **U**niversal**m**ess**s**chieber, **IMS** für **I**nnen**m**ess**s**chraube, **UWM** für **U**niversal**w**inkel**m**esser und **RL** für **R**adien**l**ehre)

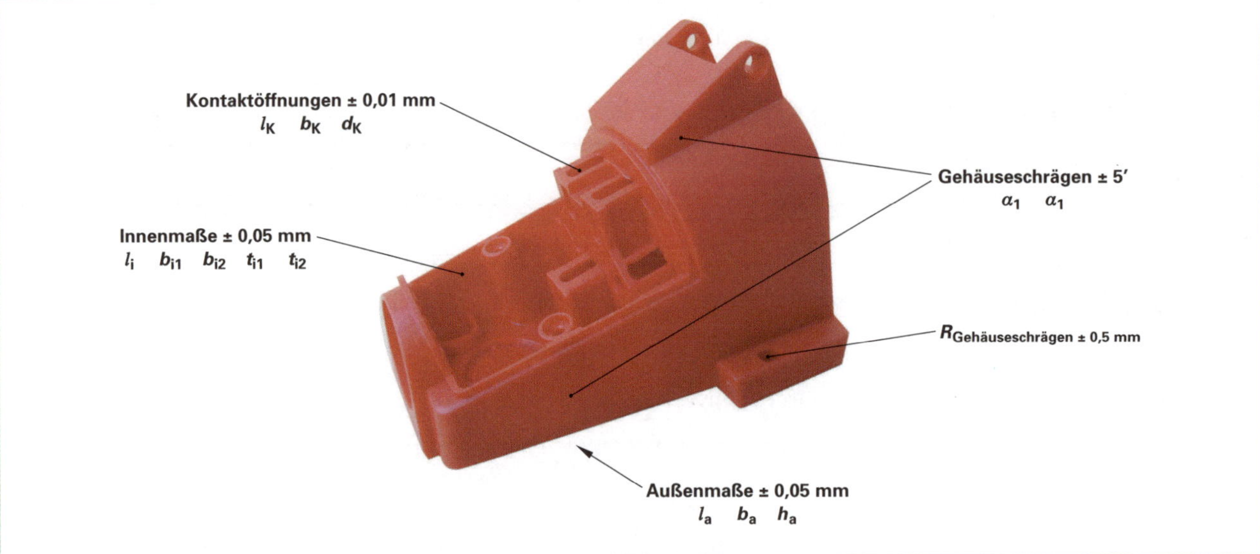

Messposition	Außenmaße in mm			Innenmaße in mm				
	l_a	b_a	h_a	l_i	b_{i1}	b_{i2}	t_{i1}	t_{i2}
Messwerte								
Messgerät								

Messposition	Kontaktöffnungen in mm			$R_{Langloch}$	Gehäuseschrägen in °	
	l_K	b_K	d_K		α_1	α_2
Messwerte						
Messgeräte						

1. Passungen werden benutzt, um Teile aufgrund von Fertigungstoleranzen zu fügen und Ersatzteile ohne Nacharbeit einsetzen zu können. Die Ihnen vorliegenden fünf Wellen und fünf Ringe sollen zu Passungen zusammengestellt werden.

- Welche zwei Arten von Passungen sind möglich?

___

- Was ist eine Übergangspassung?

___

___

- Welche Prüfmittel können zum Prüfen der Innen- und Außendurchmesser eingesetzt werden?

___

- Benennen Sie die Zahlenwerte der Prüflehren!

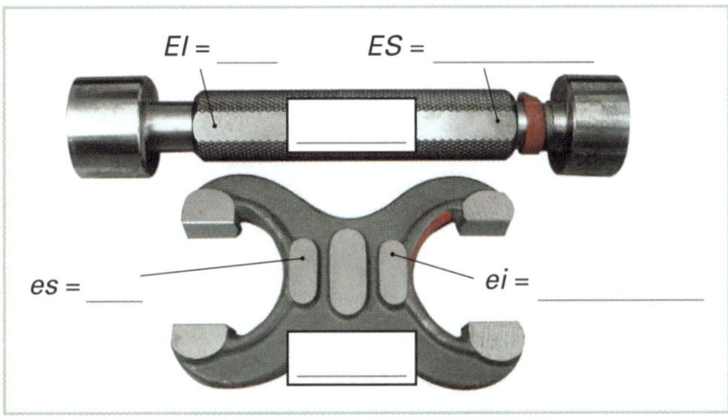

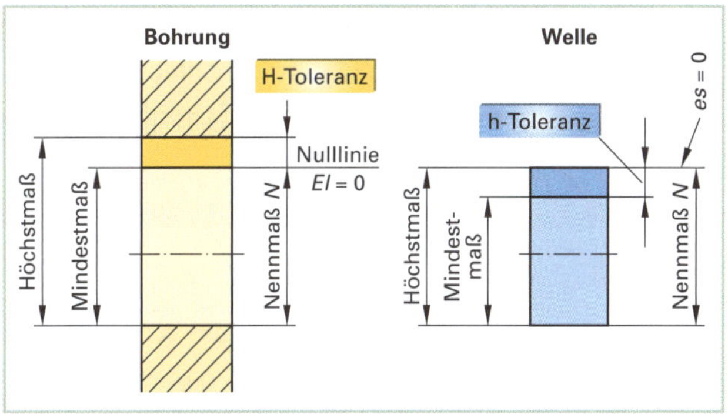

- Messen Sie die Durchmesser der beiden Wellen bzw. Ringe und ergänzen Sie die Tabelle!

Werkstück	Istmaße	Oberes Grenzabmaß	Unteres Grenzabmaß	Mindest-maß	Höchst-maß	Toleranz
Welle Nr. ___ und ___						
Ring Nr. ___ u. ___						
Passung						

2. Messen Sie je zwei Wellen und Ringe mit der Messschraube und lehren Sie die Teile entsprechend der vorgegebenen Passungen.

- Bewerten Sie danach die Einzelteile nach GUT, NACHARBEIT oder AUSSCHUSS!

Werkstück	Ist-Maß der Wellen	Ist-Maß der Ringe	Passung	Bewertung
			25 H7/g6	
			25 H7/s6	

Erkenntnisse: ___

___

___

___

3. Messuhren und Feinzeiger werden wegen des kleinen Messbereiches meist nur für Unterschiedsmessungen eingesetzt. Messen Sie die Höhe von 20 Kunststoffteilen, stellen Sie die Ergebnisse in einem Diagramm dar und bestimmen Sie ein gemeinsames Passmaß!

◆ Informieren Sie sich über den fachgerechten Umgang mit Endmaßen und ergänzen Sie in der Tabelle die Arbeitsschritte!

Messflächen säubern.

____

____

____

____

Werkstückhöhe *X* mit Digitalmessschieber messen und dementsprechend die Endmaßkombination für Maß *X* zusammenstellen.

____

____

____

____

____

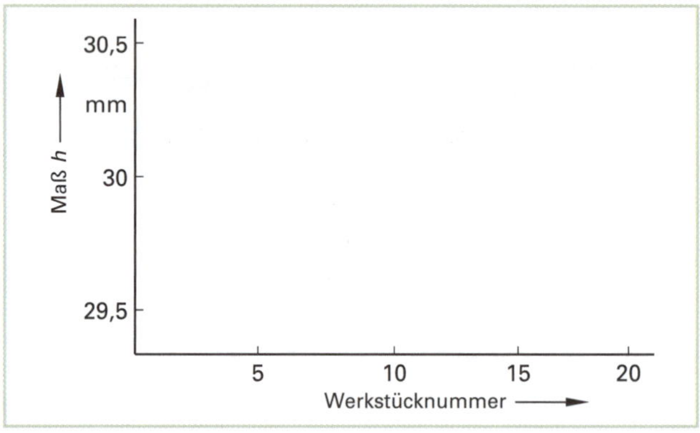

4. Bei einem Fertigungsauftrag müssen nach je 1000 Stück zwei Stichproben überprüft und das Ergebnis in ein Protokoll eingetragen werden.

◆ Bestimmen Sie, welche Maße dabei sinnvoll zu überprüfen sind!

◆ Bestimmen Sie die Prüfwerkzeuge und prüfen Sie die zwei Teile!

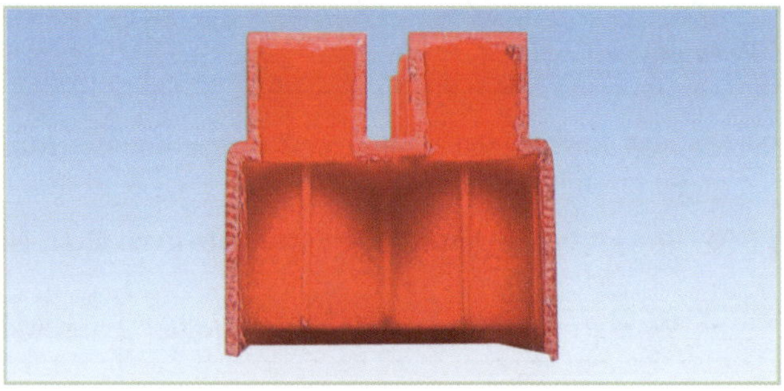

Prüfmaß	Ergebnis	Prüfmittel

Prüfmaß	Ergebnis	Prüfmittel

1. Für die Fertigung eines Flachprofils muss eine Führungslasche hergestellt werden. Die Maße sind von der Zeichnung auf das Halbzeug mittels Anreißen zu übertragen. Untersuchen Sie im nachfolgenden Versuch die Auswirkung der Oberflächenvorbereitung auf die Sichtbarkeit der Anrisslinien!

- Bereiten Sie die drei Werkstoffe, z. B. aus Blech EN 10051 – 50 x 2 x 100 wie im Bild und der Tabelle dargestellt vor!
- Wählen Sie Ihre Werkzeuge aus und überprüfen Sie die Spitzen der Reißnadel!
- Reißen Sie auf jeden Sektor zwei Linien an und beurteilen Sie Ihre Ergebnisse!
- Formulieren Sie Regeln zur Flächenvorbehandlung!

Oberflächenvorbereitung	Anreißfarbe, blau	Kreide	Keine	Keine
Anreißwerkzeug	**Reißnadel**	**Reißnadel**	**Reißnadel**	**Bleistift**
Al-Legierung				
Kaltgezogener Stahl				
Warmgewalzter Stahl				

Erkenntnisse:

- Spannen Sie das Aluminiumblech in den Schraubstock an einem Anriss mit Reißnadel und an einem Anriss mit Bleistift ein und biegen Sie das Teil jeweils um ca. 90° hin und her. Zählen Sie die Lastwechsel bis zum Bruch des Bleches!

  Lastwechsel bei Reißnadel: ____ Lastwechsel bei Bleistift: ____

- Reißen Sie einen Streifen aus PVC-U und PMMA einmal mit Reißnadel und einmal mit Bleistift an, biegen Sie den jeweiligen Streifen im Schraubstock oder in einer Biegemaschine um 90° an den beiden Anrisslinien (Anriss im Zugbereich). Welche Schlussfolgerung ziehen Sie daraus?

- Nennen Sie zwei weitere Anreißwerkzeuge und drei Hilfsmittel zum Anreißen!

2. Das Anreißen kann nach der Absolut- bzw. Inkrementalbemaßung durchgeführt werden. Untersuchen Sie die Auswirkungen der beiden Varianten.

- ◆ Reißen Sie eine Seite des Flachmaterials aus Aluminium nach der Methode A und eine Seite nach Methode B mithilfe eines Anschlagwinkels, Stahlbandmaßes und Reißnadel an!
- ◆ Überprüfen Sie beide Seiten mithilfe des Höhenanreißgerätes!

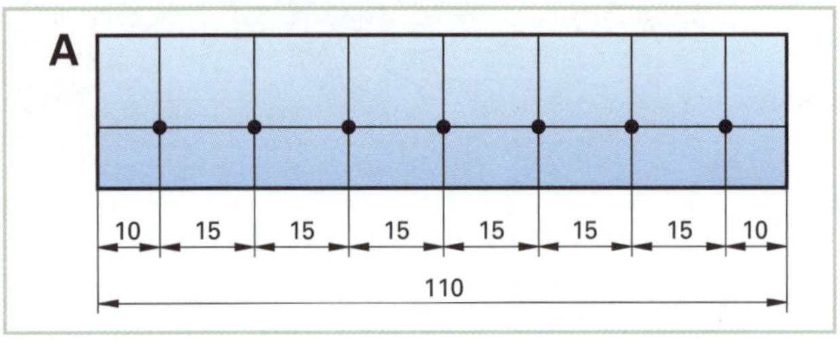

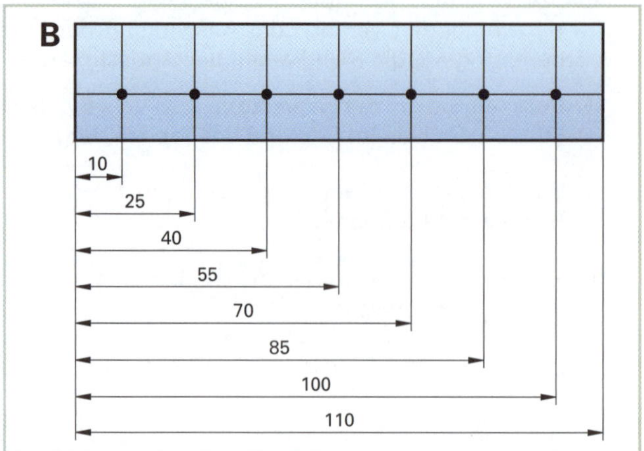

Erkenntnisse:

____

____

____

3. Die Führungslasche aus kaltgezogenem Baustahl kann nun fachgerecht angerissen werden. Bereiten Sie das Rohteil entsprechend Ihren vorher festgestellten Erkenntnissen vor und reißen Sie das Teil an!

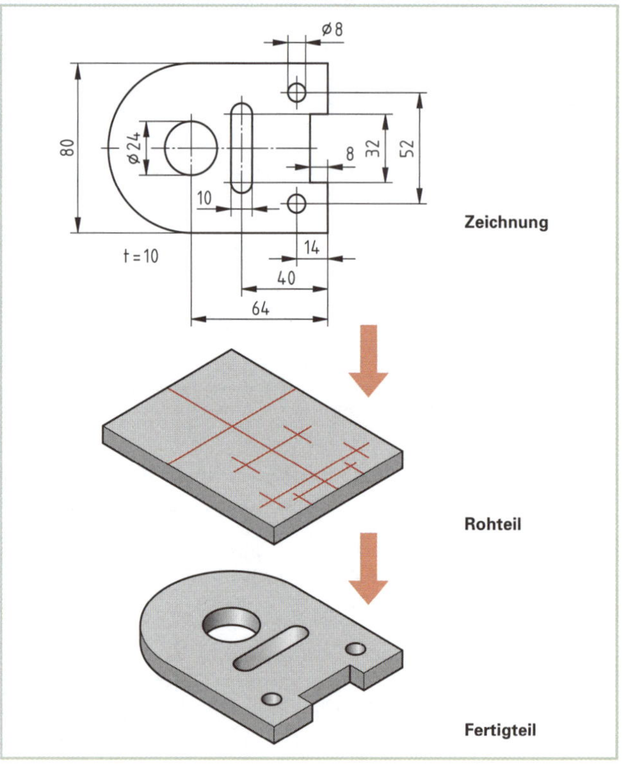

- ◆ Bestimmen Sie die Aufgaben folgender Teile!

Anreißplatte

____

____

Anreißprisma

____

- ◆ Welche Voraussetzungen muss das Werkstück aufweisen bzw. müssen vor dem Anreißen geschaffen werden?

____

____

Keil- und Werkzeugschneide

1. Ein Werkstück soll mit verschiedenen Werkzeugen spanend bearbeitet werden.
   - Benennen Sie den Winkel β!
   - Welche Einflüsse bestimmen die Kraft F?

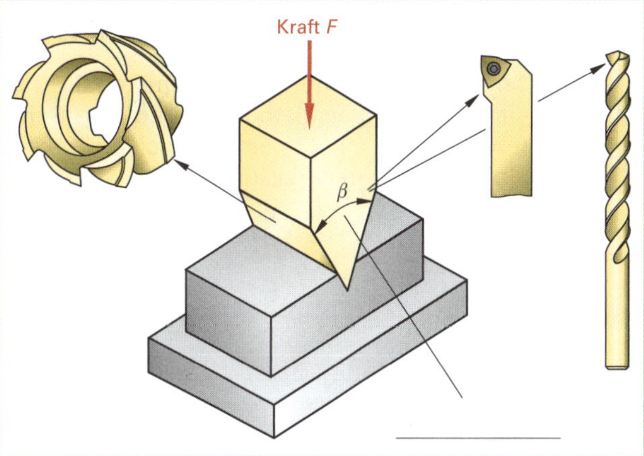

2. Das Bild zeigt den Versuchsaufbau. Rüsten Sie die Presse entsprechend ein und bestimmen Sie, welche Parameter veränderbar sind!
   - Rüsten der Presse

     Hubkolben nach oben fahren!
     Keil mit $\beta = 60°$ einspannen!
     Probe auf die Unterlagen legen und den Keil vorsichtig auf die Probenfläche aufsetzen!
     Messuhr auf „0" stellen!
     Schutzschild schließen!
   - Welche Parameter sind veränderbar?

Einstellgrössen	Werkstoffe				
β = 60°, *b* = 20 mm Kerbtiefe 1 mm	Schichtpressstoff	Aluminium	Kupfer	Messing	Stahl
Kraft *F* in kN					

3. Bestimmen Sie den Einfluss des Werkstoffes auf die Kraft F und ergänzen Sie das Säulendiagramm!
   - Ordnen Sie die Werkstoffe nach abfallender Festigkeit!

1

2

3

4

5

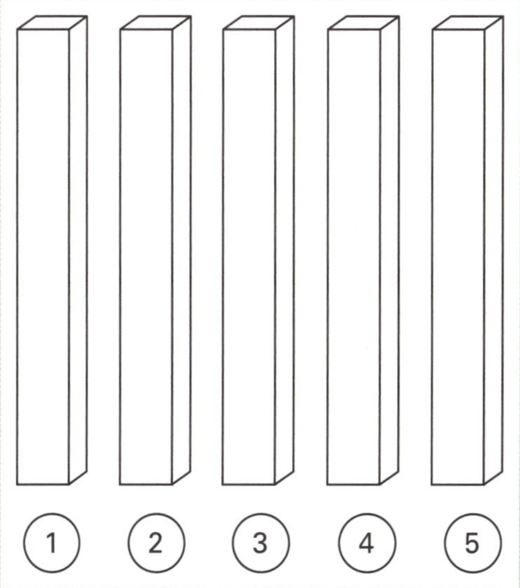

4. Trennen Sie die beiden Metallprofile □10 mm aus Messing und Kupfer mit dem Keileinsatz von β = 60° und ermitteln Sie die Kraft F, sowie die Maße der Abschnitte an der Bruchstelle!

Maße	Messing	Kupfer
1		
2		
3		
F		

Erkenntnisse:

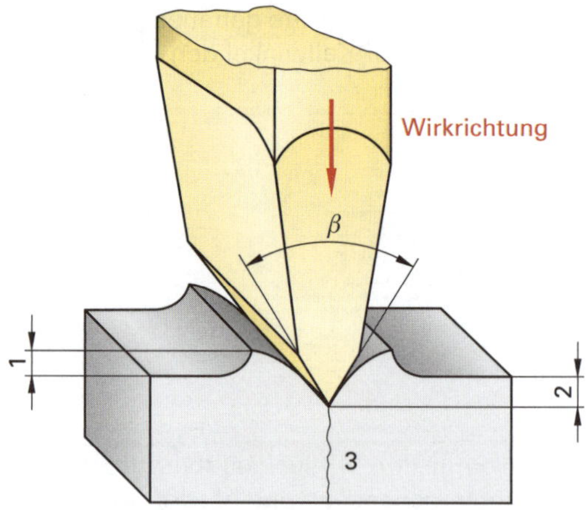

5. Bestimmen Sie den Einfluss des Keilwinkels β auf die Kraft F! Überlegen Sie dazu, welche Faktoren konstant bleiben müssen und übertragen Sie Ihre Ergebnisse in das nachfolgende Diagramm!

Konstante Werte		30°	60°	90°	120°
Aluminium	*F* in kN				
Baustahl	*F* in kN				

Erkenntnisse:

6. Ermitteln Sie zeichnerisch die Größe der Trennkraft F_T für Baustahl!

◆ Welche Ursachen könnten zum Schneidenausbruch geführt haben?

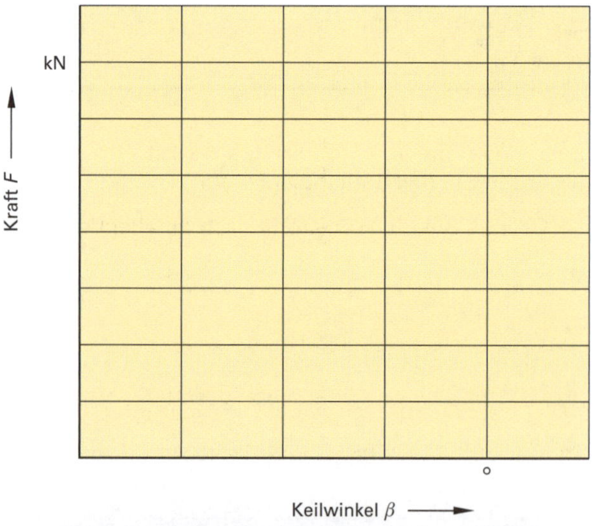

1. Die Bearbeitung von Halbzeugen, das Vorbereiten von Fügeteilen und die Weiterbearbeitung von Formteilen erfordern eine zerspanende Bearbeitung. In Versuchen sollen Sie die Arbeitsweise von spanenden Werkzeugen und deren Ergebnisse kennenlernen.

◆ Ordnen Sie die Begriffe gehauen – gefräst, schabend – schneidend, positiver und negativer Spanwinkel γ und großer – kleiner Keilwinkel den beiden Zeichnungen zu!

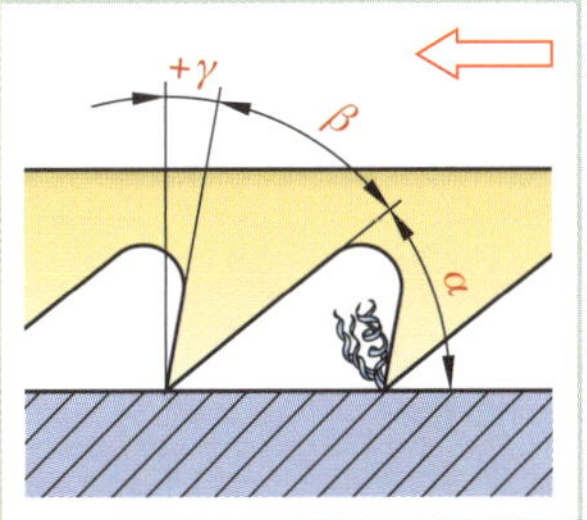

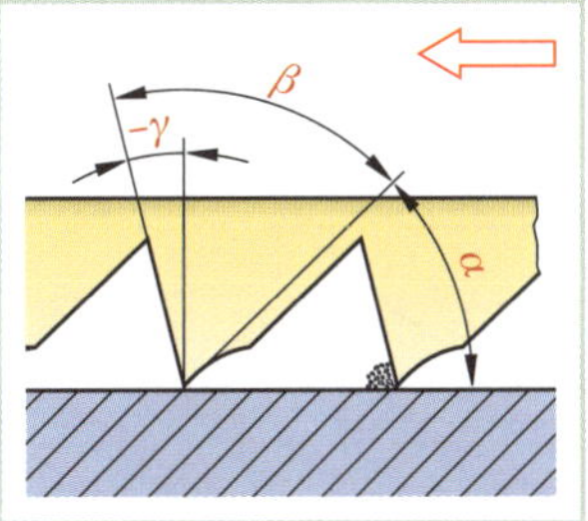

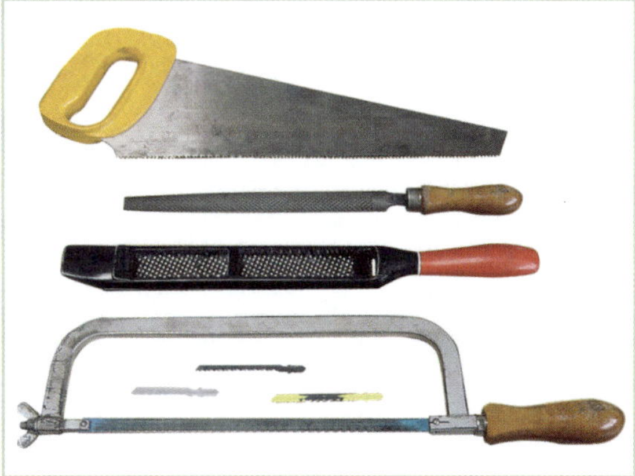

◆ Tragen Sie mit den verschiedenen Feilenarten 1 mm von je einer Seite ab, beurteilen Sie die Oberfläche und den Zustand der Feilen! Werkstück 50 x 50 x 100 aus PVC-U

Feilenart	Oberflächengüte	Feilenzustand und Spanabnahme
Raspel		
Surformfeile		
gefräste Feile, Hieb 1		
gehauene Feile, Hieb 1		

Erkenntnisse:

◆ Untersuchen Sie den Einfluss der Hiebart und der Hiebgröße auf die Oberflächengüte bei verschiedenen Metallen, leiten Sie daraus Regeln zur Feilenauswahl ab und begründen Sie Ihre Ergebnisse!

Werkstück	Gehauene Feile Hieb 1	Gefräste Feile Hieb 1	Gehauene Feile Hieb 3	Gefräste Feile Hieb 3
Baustahl				
CuZn-Legierung				
Al-Legierung				

Erkenntnisse:

2. Sägen Sie mit den verschiedenen Sägen bzw. Sägeblättern je einen Streifen von 15 mm Breite vom Flachmaterial mit den Maßen 50 x 10 ab! Beurteilen Sie die Trennfuge und begründen Sie die besten Ergebnisse!

Werkstoff	Metallbügelsäge, gewellt, 24 Zähne pro Zoll	Metallbügelsäge, geschränkt, 24 Zähne pro Zoll	Fuchsschwanz, 8 Zähne pro Zoll	Stichsäge, gewellt, 16 Zähne pro Zoll	Stichsäge, geschränkt, 16 Zähne pro Zoll
PVC-U					
PE					
PMMA					
EP					

Erkenntnisse:

3. Untersuchen Sie den Einfluss der Werkstücklage auf die Bearbeitungszeit und die Qualität des Schnittes bei der Maschinenhubbügelsäge und bearbeiten Sie die nachfolgenden Aufgaben!

Werkstoff	Maschinenhubbügelsäge Sägeblatt gewellt, 12 Zähne pro Zoll Flachstab EN 10058 - 40 x 20, waagerechte Lage		Maschinenhubbügelsäge Sägeblatt gewellt, 18 Zähne pro Zoll Flachstab EN 10058 - 40 x 20, waagerechte Lage	
Baustahl				
Al-Legierung				

Erkenntnisse:

◆ Welche Aufgabe erfüllt das Wellen bzw. Schränken?

◆ Warum haben Sägeblätter mit großer Zahnteilung einen großen Spanraum?

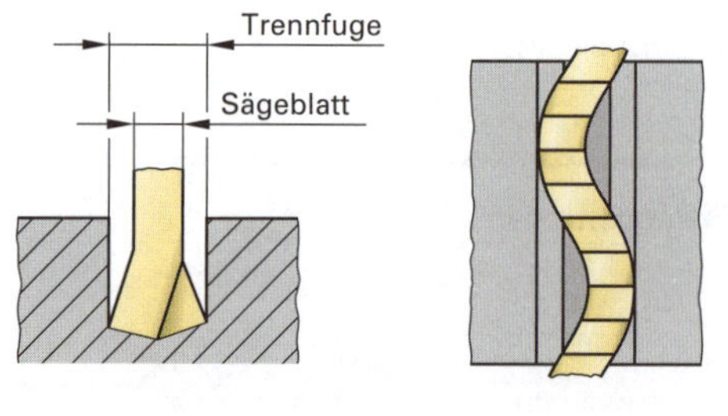

Lernfeld 2 Bohren – Schnittbedingungen

1. Zur Herstellung einer Durchgangsbohrung von 12 mm Durchmesser in einer Grundplatte aus Aluminium und einer aus Baustahl stehen 3 Bohrertypen zur Auswahl.

◆ Bestimmen Sie den Bohrertyp und die Schnittwerte!

Bohrertyp	Abbildung	Drallwinkel γ_F	Schnittwerte	Baustahl	Aluminium
____	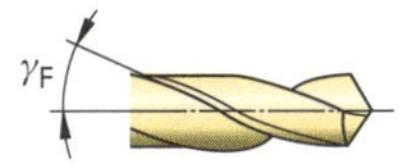	____	v_c in m/min	____	____
____	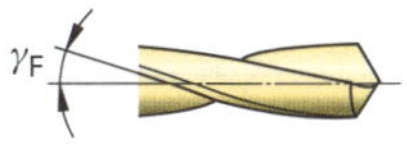	____	n in min^{-1}	____	____
____	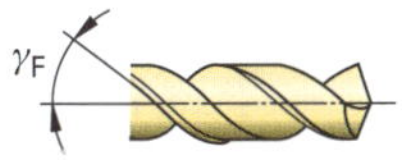	____	f in mm	____	____

◆ Untersuchen Sie den Einfluss des Keilwinkels β auf die Vorschubkraft F_f und das Drehmoment M_t!

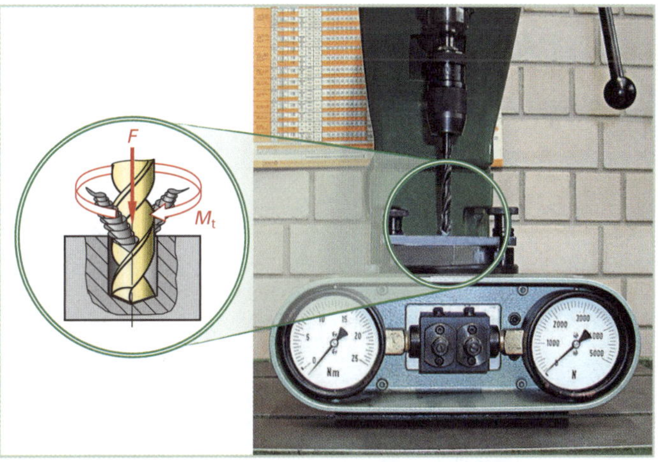

◆ Welche Sicherheitsmaßnahmen sind notwendig?

____

____

____

	Werkstoff	Typ W		Typ N	Typ H
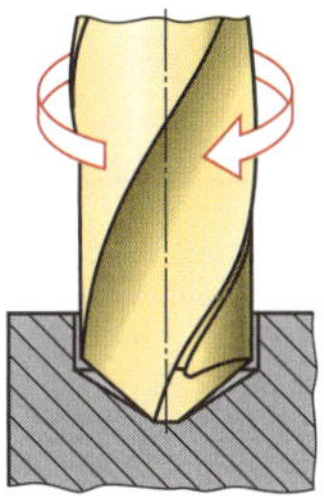	Aluminium	M_t in Nm	____	____	____
		F in N	____	____	____
	Baustahl	M_t in Nm	____	____	____
		F in N	____	____	____

Erkenntnisse: ____

____

2. Beschreiben Sie den Zusammenhang von Drallwinkel γ_F, Keilwinkel β und Werkstoff!

____

____

3. Untersuchen Sie den Einfluss der Schnittgeschwindigkeit v_c auf das Drehmoment M_t, die Vorschubkraft F und auf die Spanbildung!

Schnittgeschwindigkeit v_c	**10 m/min**	**15 m/min**	**20 m/min**	**25 m/min**
Vierkantstab EN 10059 - 20 aus Baustahl – Vorschub f = 0,1 mm – Bohrer ø12mm aus HSS				
Drehzahl n in min^{-1}				
Drehmoment M_t in Nm				
Vorschubkraft F in N				
Spanbildung				

◆ Erstellen Sie ein Diagramm und tragen Sie darin Ihre Ergebnisse ein!

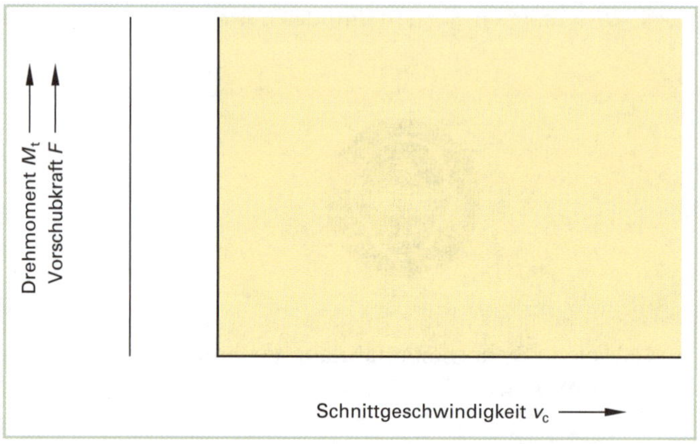

Erkenntnisse:

4. Untersuchen Sie den Einfluss des Vorschubes f auf M_t, F und auf die Spanbildung!

Vorschub f	**0,1 mm**	**0,2 mm**	**0,3 mm**
Vierkantstab EN 10059 - 20 aus Baustahl – Schnittgeschwindigkeit v_c = 25 m/min – Bohrer ø12 mm aus HSS			
Drehzahl n in min^{-1}			
Drehmoment M_t in Nm			
Vorschubkraft F in N			
Spanbildung			

◆ Erstellen Sie ein Diagramm und tragen Sie darin Ihre Ergebnisse ein!

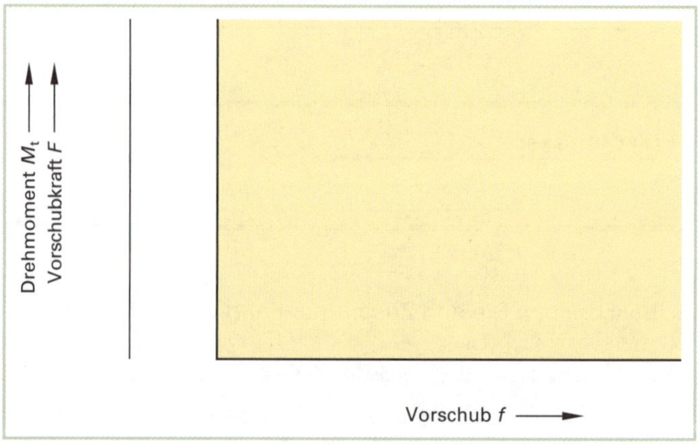

Erkenntnisse:

1. Einzelteile und geringe Stückzahlen, sowie komplizierte Werkstückformen, bei denen eine Fertigung in einem Urformwerkzeug nicht möglich ist, müssen auf Werkzeugmaschinen hergestellt werden.

Bei Maschinenarbeiten wie z. B. beim Bohren sind folgende Punkte zu beachten:

- Für ausreichend Belüftung sorgen!
- Schutzbrille tragen!
- Kunststoffteile auf Holzunterlage festspannen, um beim Bohreraustritt ein Herumreißen zu vermeiden!

◆ Untersuchen Sie das Verhalten von Thermo- und Duroplasten beim Bohren mit unterschiedlichen Bohrertypen! Tragen Sie Ihre Beobachtungen in die Tabelle ein und ziehen Sie daraus Ihre Erkenntnisse!

Flachmaterial z. B. 50 mm x 30 mm

Schnittgeschwindigkeit:

v_c in m/min^{-1} ________ n in min^{-1} ________

Bohrerdurchmesser:

d in mm ________

Werkstoff	Kriterien	Typ W	Typ N	Typ H	Spezialform
PVC-U	Spanabfuhr				
	Gratbildung				
	Bohrungs-ø				
PMMA	Spanabfuhr				
	Gratbildung				
	Bohrungs ø				
EP	Spanabfuhr				
	Gratbildung				
	Bohrungs-ø				

Erkenntnisse:

2. Untersuchen Sie den Einfluss des Vorschubs *f* und der Schneidengeometrie des Drehmeißels auf die Oberflächengüte und die Spanabfuhr bei Thermo- und Duroplasten.

- Schnitttiefe a_p = 2,0 mm, d = 50 mm
- Bestimmen Sie die Schnittwerte!

Werkstoff: PVC-U

v_c in m/min^{-1} ________ n in min^{-1} ________

d in mm 50

Werkstoff: EP

v_c in m/min^{-1} ________ n in min^{-1} ________

- Führen Sie die Versuche mit PVC-U und EP durch und tragen Sie die Beobachtungen in die Tabellen 1 und 2 ein! Formulieren Sie daraus Ihre Erkenntnisse!

Parameter	Spanabfuhr	Oberflächengüte
f = 0,02 mm γ = 15°		
f = 0,1 mm γ = 15°		
f = 0,1 mm γ = 30°		
f = 0,1 γ = 5°		

Erkenntnisse:

Parameter	Spanabfuhr	Oberflächengüte
f = 0,02 mm γ = 15°		
f = 0,1 mm γ = 15°		
f = 0,1 mm γ = 5°		
f = 0,1 mm γ = 0°		

Erkenntnisse:

- Kühlmittel können Thermoplaste anlösen und Füllstoffe bei Duroplasten zum Quellen bringen. Wie muss die entstehende Wärme beim Zerspanen von Kunststoffen abgeführt werden?

1. Für ein Pendelschlagwerk soll eine Schutzhaube hergestellt werden. Aus optischen Gründen soll diese Haube weder Klebenähte noch Verschraubungen aufweisen.

   ◆ Bestimmen Sie einen passenden Kunststoff und eine mögliche Vorgehensweise zur Herstellung!

____

____

____

2. Untersuchen Sie den Einfluss der Temperatur, der Anwärmzeit und des Werkstoffes auf das Biegeverhalten und auf die Biegestelle!

   ◆ Erwärmen Sie die Teile wie im Bild dargestellt und stellen Sie dabei die Temperatur an der Probe fest!

   ◆ Biegen Sie die Teile unmittelbar in einem Schraubstock oder einem Biegeapparat um 90°!

   ◆ Beurteilen Sie die Biegestelle und das Biegeverhalten bzgl. der Rückfederung nach dem Erkalten!

   ◆ Erwärmen Sie einen Streifen erneut auf 130 °C!

Kriterium	Probestreifen 40 x 5 x 200 aus PVC-U	Probestreifen 40 x 5 x 200 aus PMMA
100 °C		
130 °C		
160 °C		
1 min bei 130 °C		
3 min bei 130 °C		
Wiedererwärmung bei 130 °C		

Erkenntnisse: ____

____

____

____

   ◆ Erwärmen Sie je einen Rundstab ø10 × __________ aus PE mit den Farben rot und schwarz im Wärmeofen auf 130 °C und formen Sie die Klammer!

   ◆ Vergleichen Sie die beiden Klammern nach dem Erkalten und begründen Sie die unterschiedlichen Ergebnisse!

____

____

____

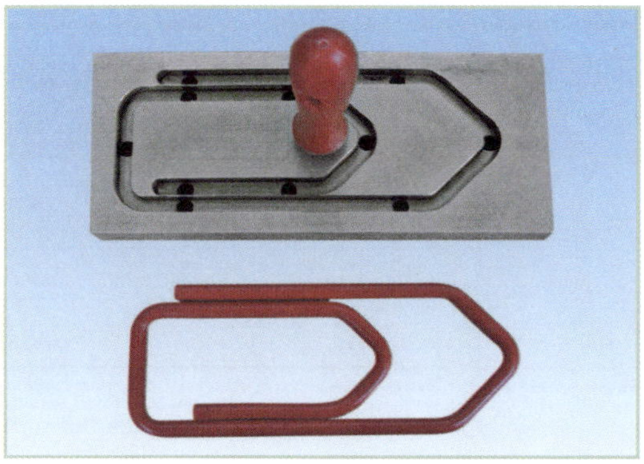

3. Kühlschrankinnenbehälter, Armaturenbrettverkleidungen, Trinkbecher und Verpackungsdosen werden in Vakuum-Warmumformmaschinen mit Negativ- oder Positivform hergestellt. In einer Versuchsreihe sollen Sie die verschiedenen Einflüsse auf die Qualität des Formteiles untersuchen und daraus Regeln ableiten!

- Bestimmen Sie die veränderbaren Einstellwerte an der Maschine und an der Form!

____

____

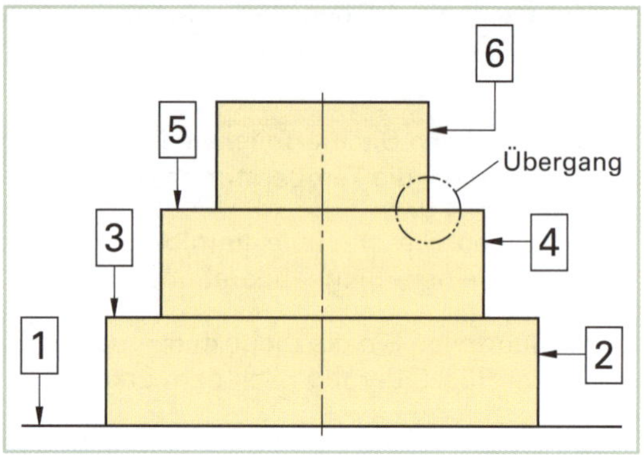

- Heizen Sie die Maschine auf die Versuchstemperatur vor und stellen Sie das Vakuum ein!
- Messen Sie die Stufenhöhen nach dem Verformen und nach dem Abkühlen!
- Prüfen Sie den Formteilradius am gekennzeichneten Übergang!
- Vergleichen Sie die Ergebnisse bei den 6 Saugkanälen!
- Sägen Sie das Formteil in 2 Teile und messen Sie die Wanddicke an den Messstellen 1 bis 6!
- Stellen Sie die Abhängigkeiten in einem Diagramm dar!

Messgeräte: Radiuslehre, Messschieber, Wanddickentaster mit Uhranzeige

Werkstoff: PS – Plattenmaterial, 1 mm dick

Parameter bei $t = 50$ s	Messstellen, Maße der Wandstärken in mm						Formteilradius
	1	2	3	4	5	6	
130 °C schwarz							
160 °C schwarz							
190 °C schwarz							
160 °C weiß							
160 °C rot							

Durchmesser der Saugkanäle in mm

ø 0,5 ______________ ø 1,4 ______________

ø 0,8 ______________ ø 1,6 ______________

ø 1,1 ______________ ø 2,0 ______________

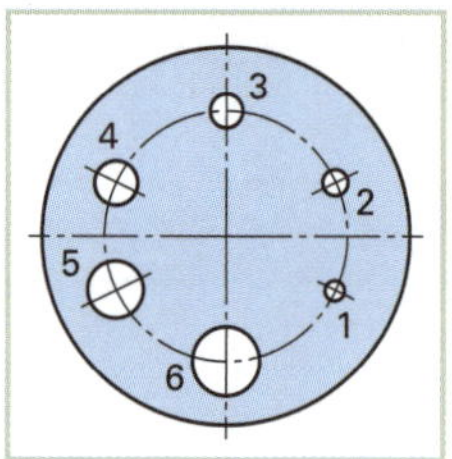

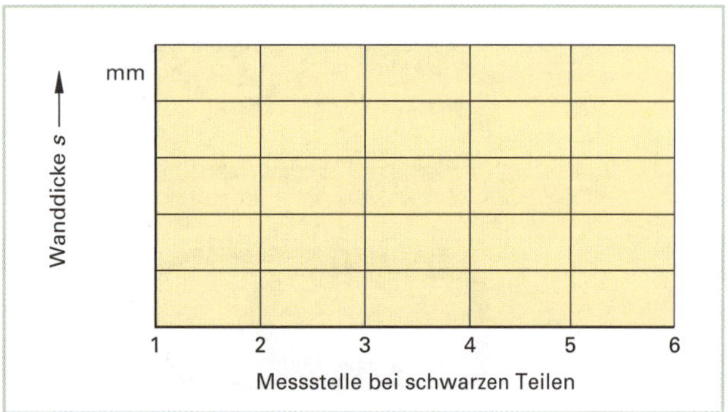

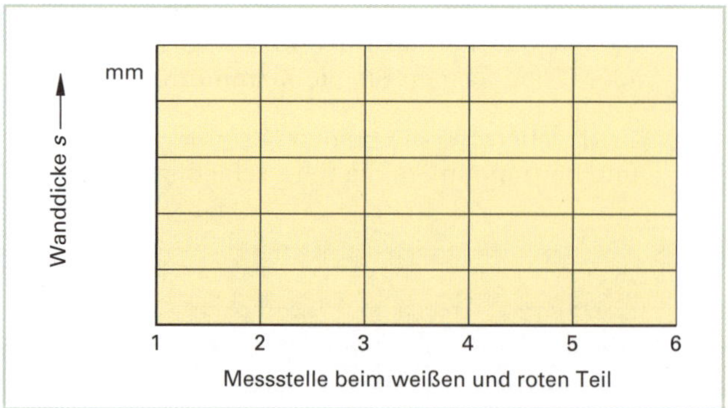

Lehrplaninhalte

Kleben, Schweißen, Schraubverbindungen

Gewindedarstellung

Oberflächenangaben

Arbeitsorganisation

Toleranzen und Passungen

Schweißgruppen-zeichnungen

Reibung

Lernsituation Rohrschraubstock

Schnittdarstellung

Gruppen- und Gesamtzeichnungen

Schnappverbindungen, Klemmverbindungen

Projekt: Rohrschraubstock

Beschreibung der Lernsituation

Um eine Baugruppe fertigen zu können, sind eine Reihe von Arbeitsschritten notwendig. Unter Berücksichtigung der erforderlichen Werkzeuge, Werkstoffe, Halbzeuge und Hilfsmittel müssen geeignete Fügeverfahren ausgewählt werden. Zur sachgerechten Montage werden Stücklisten, Zeichnungen sowie Arbeitspläne eingesetzt.

Aufgaben

Soll eine Baugruppe wie der dargestellte Rohrschraubstock gefertigt werden, müssen einzelne Bauteile, wie die Bodenplatte (Pos. 1) oder die Seitenteile (Pos. 3, siehe Seite 86) handwerklich gefertigt werden. Andere Teile sind Zukaufteile, wie die Gewindespindel (Pos. 6) oder die Sechskantschrauben und -muttern (Pos. 12 und Pos. 13). Anschließend werden alle Bauteile miteinander verbunden, d. h., sie werden gefügt.

1. Ein Rohrschraubstock dient zum Spannen von Werkstücken.

   ◆ Welche möglichen Profilquerschnitte können damit gespannt werden?

   ____

2. Um den Arbeitsaufwand zu vermindern, werden einige Bauteile des Rohrschraubstockes zugekauft. Diese werden als Normteile bezeichnet. Orientieren Sie sich an der Zeichnung auf der Seite 85 bzw. der Stückliste auf S. 86.

   ◆ Nennen und bezeichnen Sie normgerecht drei Normteile, die in dieser Baugruppe verwendet werden!

   ______________________________ M6 x 35 – 4.6

   ______________________________ M6 – 10

   ______________________________ 6 x 20 – St

3. Das Bild auf Seite 85 zeigt die Explosionsdarstellung des Rohrschraubstockes. Eine Explosionsdarstellung ist eine Art der Darstellung bei Zeichnungen, die einen komplexen Gegenstand perspektivisch und in seine Einzelteile zerlegt zeigt. Die dargestellten Einzelteile sind räumlich voneinander getrennt, d. h. so, als wären sie nach einer Explosion auseinander geflogen.

   ◆ Wozu wird diese Art der Darstellung verwendet?

   ____

   ____

   ____

4. Zum Fügen von Bauteilen gibt es unterschiedliche Fügetechniken. Welches Verfahren angewendet wird, richtet sich nach der Form und vor allem nach dem eingesetzten Werkstoff der Fügeteile.

   ◆ Kreuzen Sie an, welche Fügeverfahren bei den folgenden Werkstoffpaarungen eingesetzt werden können!

Werkstoffpaarung	Schweißen	Kleben	Schrauben	Löten	Verstiften
Metall / Metall					
Kunststoff / Kunststoff					
Kunststoff / Metall					

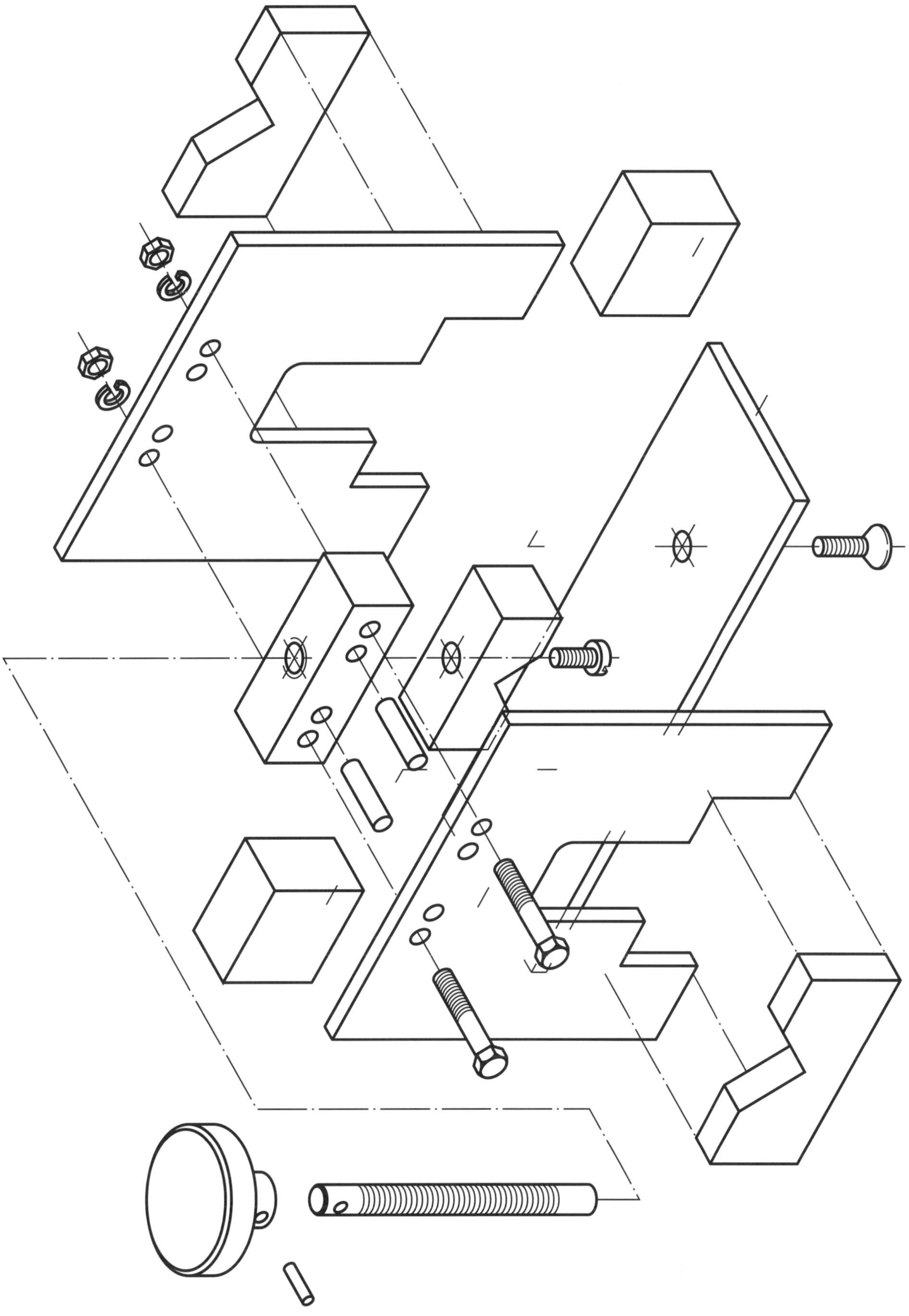

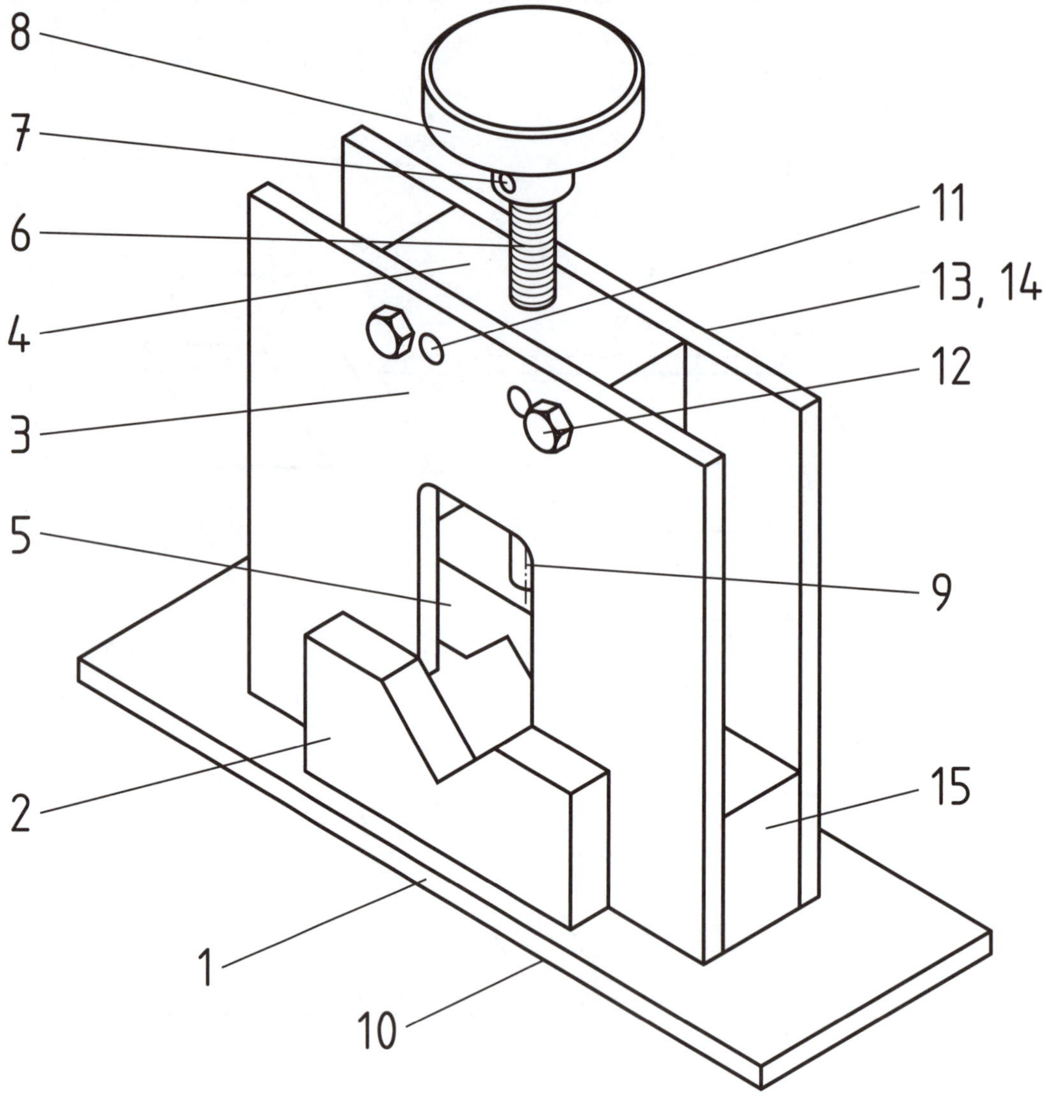

Pos.	Menge	Benennung	Norm-Kurzbezeichnung	Bemerkung
15	2	Distanzstück	42 x 36 x 24	PVC-U
14	2	Federring	DIN 128-A5	
13	2	Sechskantmutter	ISO 4032 – M6 – 10	
12	2	Sechskantschraube	ISO 4017 – M6 x 35 – 4.6	
11	2	Zylinderstift	ISO 2338 – 6 m6 x 26 – St	
10	2	Senkschraube	ISO 7046-1 – M5 x 15 – 4.8 – H	
9	1	Zylinderschraube	ISO 1207 – M5 x 10 – 4.6	
8	1	Griffscheibe	ø 60 x 30	AlSi1MgMn
7	1	Spannstift	ISO 8752 – 6 x 20 – St	
6	1	Gewindespindel	M 12 x 110	Gewindestange
5	1	Druckstück	60 x 24 x 24	PVC-U
4	1	Brücke	72 x 24 x 24	PA 66
3	2	Seitenteil	144 x 132 x 6	PVC-U
2	2	Grundkörper	84 x 36 x 12	PVC-U
1	1	Bodenplatte	216 x 72 x 6	PE-HD

		Maßstab 1:2	
	Datum	**Rohrschraubstock**	
gezeichnet			
geprüft			

5. Es gibt bewegliche und feste Verbindungen. Diese können entweder lösbar oder unlösbar sein.

◆ Nennen Sie aus Ihrem Erfahrungsbereich Beispiele für bewegliche und feste Verbindungen!

Bewegliche Verbindungen	Feste Verbindungen
1.	1.
2.	2.

◆ Geben Sie je einen Vor- und einen Nachteil für lösbare und unlösbare Verbindungen an!

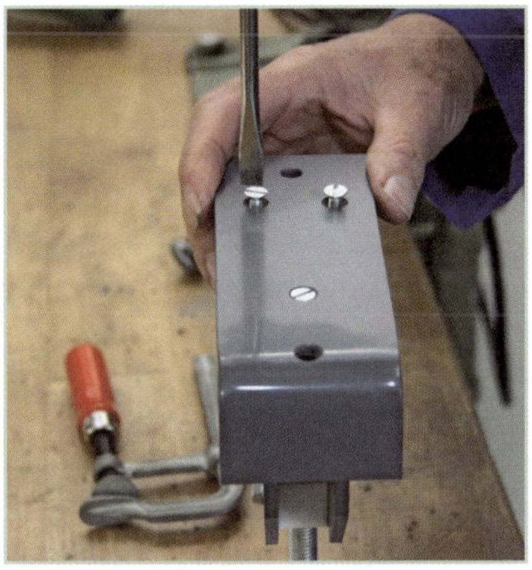

lösbar	Vorteil:
	Nachteil:
unlösbar	Vorteil:
	Nachteil:

6. Häufig werden durch Verbindungen Kräfte und Momente übertragen. Hierbei unterscheidet man formschlüssige, kraftschlüssige und stoffschlüssige Verbindungen.

◆ Wodurch wird die Verbindung zwischen den Bauteilen erzeugt?

kraftschlüssige Verbindung:

formschlüssige Verbindung:

stoffschlüssige Verbindung:

◆ In der Baugruppe Rohrschraubstock werden verschiedene Fügeverfahren angewendet. Ergänzen Sie unter Verwendung der Gesamtzeichnung und Stückliste (siehe Seiten 85 und 86) folgende Tabelle!

Verbindung	Fügeverfahren/ Fügeelement	Verbindungsart		Verbindungsweise		
		lösbar	unlösbar	form-schlüssig	kraft-schlüssig	stoff-schlüssig
Pos. 2 mit Pos. 3						
Pos. 5 mit Pos. 6						
Pos. 6 mit Pos. 8						

7. Die kraftschlüssige Verbindung zwischen der Bodenplatte (Pos. 1) und dem Grundkörper (Pos. 2) des Rohrschraubstockes entsteht durch Reibung zwischen den verbundenen Bauteilen. Werden die Senkschrauben (Pos.10) angezogen, entsteht eine Reibungskraft, welche verhindert, dass sich die Bauteile bewegen können. Die Größe der Reibungskraft ergibt sich aus der ____________ und der ____________ .

◆ Die Formel für die Reibungskraft lautet:

____________ Die Grundeinheit für die Reibungskraft ist: ____________

◆ Die Reibungszahl wird in Versuchen ermittelt. Von welchen Faktoren hängt sie ab?

____

____

____

8. Man unterscheidet zwischen Haft-, Gleit- und Rollreibung.

◆ Definieren Sie die Reibungsarten!

Haftreibung: ______________________________

____

Gleitreibung: ______________________________

____

Rollreibung: ______________________________

____

9. Die Plastifiziereinheit einer Spritzgießmaschine wird über eine Linearführung aus Stahl (trocken) horizontal bewegt. Sie wiegt 350 kg.

◆ Berechnen Sie die Reibungskraft, die notwendig ist

a) zum Anfahren aus der Ruhe

b) zum Weiterschieben

◆ Welche Arten der Reibung liegen bei folgenden Beispielen vor? Ermitteln Sie die Reibungszahlen für die entsprechenden Werkstoffpaarungen!

Pkw bewegt sich auf einer Straße		
Verschieben eines Holzschranks auf Parkettfußboden		
Werkstück aus Gusseisen liegt auf einer Stahlplatte		

Schraubenverbindungen

10. Schraubenverbindungen sind die am häufigsten verwendeten lösbaren Verbindungen.

◆ Benennen Sie die dargestellten Schrauben.

1	
2	
3	
4	
5	

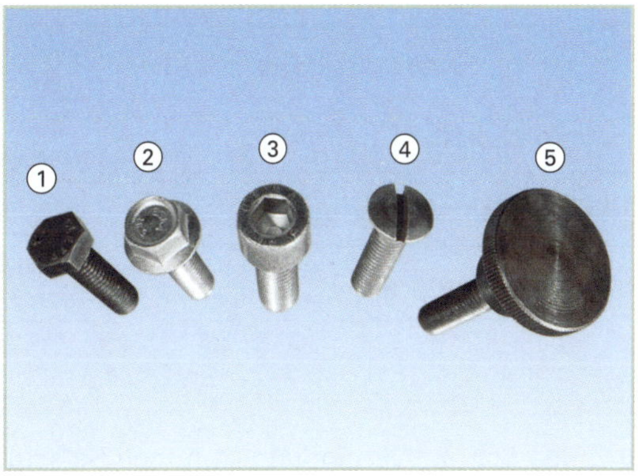

11. Um Schrauben und Muttern fügen zu können, müssen sie die gleichen genormten Kenngrößen besitzen.

◆ Ermitteln Sie mithilfe des Tabellenbuches die Kenngrößen für ein Gewinde! Tragen Sie an der richtigen Stelle der Skizze die Kurzzeichen ein!

d_3	
d_2	
d	
P	
α	

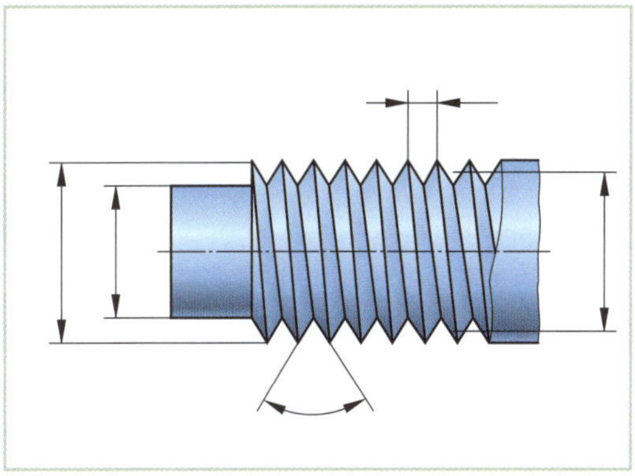

12. Die Seitenteile und die Brücke sind mit Sechskantschrauben nach DIN EN ISO 4017 – M6 x 35 – 4.6 und Sechskantmuttern nach DIN EN ISO 4032 – M6 – 10 verbunden.

◆ Geben Sie die Bezeichnungen exemplarisch für das Verbindungselement Sechskantschraube an!

Sechskantschraube DIN EN ISO 4017 – M6 x 35 – 4.6

ISO	
M	
6	
35	
4	
6	

13. Die Festigkeit des Schraubenwerkstoffes wird mit Zahlen oder Buchstaben/Zahlen auf dem Schraubenkopf angegeben. Aus dem Tabellenbuch können die Werte für die Zugfestigkeit R_m, Streckgrenze R_e und die Bruchdehnung A ermittelt werden.

◆ Tragen Sie in die Tabelle die Werte für die Festigkeitsklassen von Schrauben 8.8, 10.9 und A4-50 ein.

Festigkeitsklasse	8.8	10.9	A4-50
Zugfestigkeit R_m [N/mm²]			
Streckgrenze R_e [N/mm²]			
Bruchdehnung A [%]			

14. Eine Schraubverbindung ist hohen Belastungen ausgesetzt. Bei Einziehschraubenverbindungen ist die Mindesteinschraubtiefe zu beachten. Diese ist von der Festigkeitsklasse der Schraube, dem Werkstoff, in den die Schraube eingedreht wird und dem Gewindedurchmesser abhängig.

◆ Bestimmen Sie mithilfe des Tabellenbuches die erforderlichen Mindesteinschraubtiefen.

Festigkeitsklasse	Werkstoff	Gewindeinnen-durchmesser d in mm	Faktor	Mindesteinschraub-tiefe l_e in mm
4.6	Kunststoffe	4		
10.9	Stahl	8		
6.8	Al-Gusslegierung	6		

15. Eine Sechskantschraube DIN ISO 4017 – M5 x 35 soll mit einer Vorspannkraft von 4 kN belastet werden. Die Festigkeitsklasse der Schraube beträgt 5.6, die Sicherheitszahl $\nu = 1{,}5$.

◆ Ermitteln Sie die Mindeststreckgrenze R_e!

◆ Wie hoch ist die maximale Zugspannung $\sigma_{z\,max}$ im Schraubenwerkstoff?

◆ Wie hoch darf die zulässige Zugspannung $\sigma_{z\,zul}$ unter Berücksichtigung der Sicherheitszahl ν sein?

Mindeststreckgrenze R_e:

Maximale Zugspannung $\sigma_{z\,max}$:

Zulässige Zugspannung $\sigma_{z\,zul}$:

- Vergleichen Sie die maximale mit der zulässigen Zugspannung. Welche Schlussfolgerungen ziehen Sie daraus?

Schlussfolgerung:

- Welche Schraube muss verwendet werden? Geben Sie die normgerechte Schraubenbezeichnung an!

Schraubenauswahl:

- Berechnen Sie die erforderliche Handkraft zum Anziehen dieser Schraube bei einer Schlüssellänge von l = 110 mm!

16. Die Gewindespindel (Pos. 6) ist das Verbindungsstück zwischen Griffscheibe (Pos. 8) und Druckstück (Pos. 5) siehe Seite 86.
    - Vervollständigen Sie die Zeichnung der Gewindespindel!
    - Ermitteln Sie mithilfe des Tabellenbuches für das Grundgewinde der Spindel die Bohrungs- und Einschraubtiefe l_e!
    - Stellen Sie das Innengewinde im Teilschnitt dar!
    - Bemaßen Sie Ihre Zeichnung fertigungsgerecht!

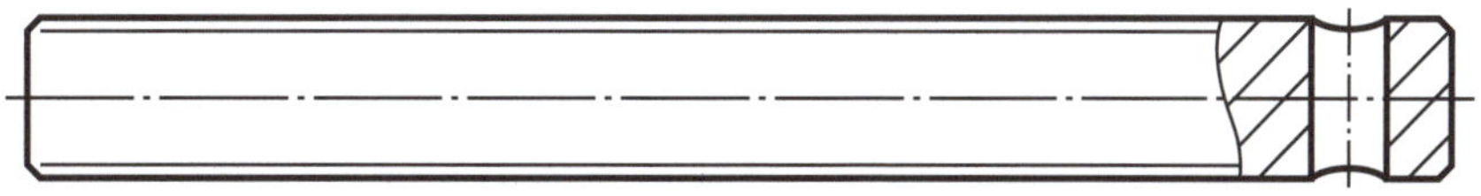

17. Die Oberflächenbeschaffenheit der Griffscheibe (Pos. 8) Seite 86 richtet sich nach deren Funktion und dem Fertigungsverfahren. Um die Oberfläche dieses Bauteils beurteilen zu können, wird sie stark vergrößert dargestellt. Das entstandene Istprofil weist Gestaltabweichungen gegenüber der vorgegebenen geometrischen Oberfläche auf. Diese Gestaltabweichungen werden in Ordnungen unterteilt.

- Tragen Sie auf die Maßpfeile im Istprofil die entsprechenden Größen ein.
- Bezeichnen Sie mithilfe des Tabellenbuches die Art der jeweiligen Gestaltabweichung.

Istprofil der Oberfläche	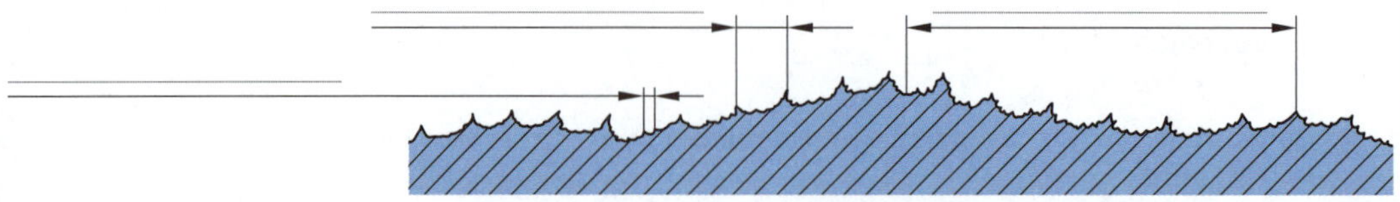			
Gestalt-abweichung	**1. Ordnung**	**2. Ordnung**	**3. Ordnung**	**4. Ordnung**
gefilterte Darstellung				
Art der Gestalt-abweichung	**Unebenheit**			

18. Die Oberflächenkenngrößen R_a und R_z kennzeichnen die technische Oberfläche des Bauteils.

- Wie lautet die vollständige Bezeichnung für diese beiden Werte und was sagen diese aus?

Kurzzeichen	Bezeichnung	Definition
R_a		
R_z		

- Wie berechnet sich R_z? ______

19. In der technischen Zeichnung werden die Angaben zur Oberflächenbeschaffenheit festgelegt und an der jeweiligen Werkstückoberfläche gekennzeichnet.

- Welche Bedeutung haben die Kennbuchstaben in der Zeichnung?

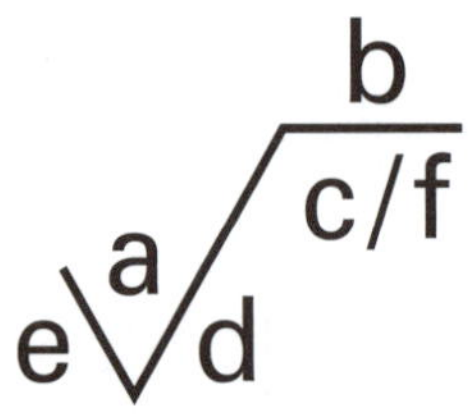

a ______
b ______
c ______
d ______
e ______
f ______

- Welche Oberflächenbeschaffenheit ist laut dem Sinnbild Seite 93 für die Griffscheibe gefordert?

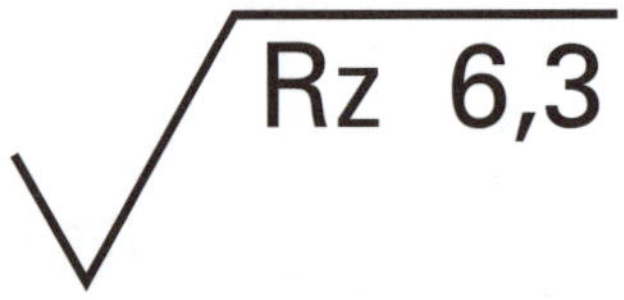

______
______
______

Lernfeld 3

20. Die Griffscheibe (Pos. 8) soll gefertigt werden. Dazu wird eine technische Zeichnung benötigt.

- Vervollständigen Sie die Zeichnung der Griffscheibe, indem Sie die Bohrung als Teilschnitt darstellen!
- Ermitteln Sie mithilfe des Tabellenbuches für das Grundgewinde die Bohrungs- und Einschraubtiefe l_e!
- Bemaßen Sie die Griffscheibe fertigungsgerecht!

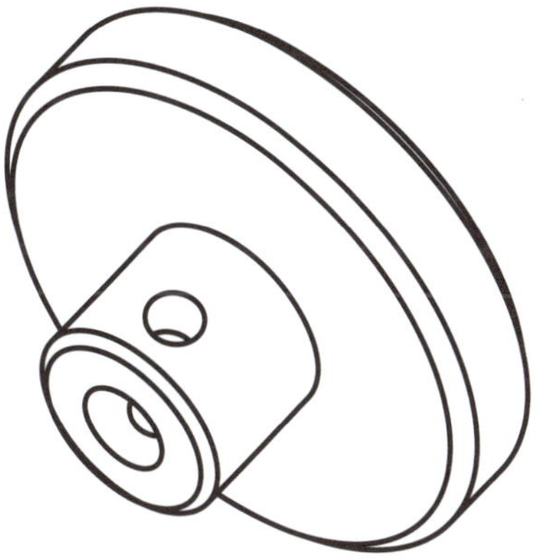

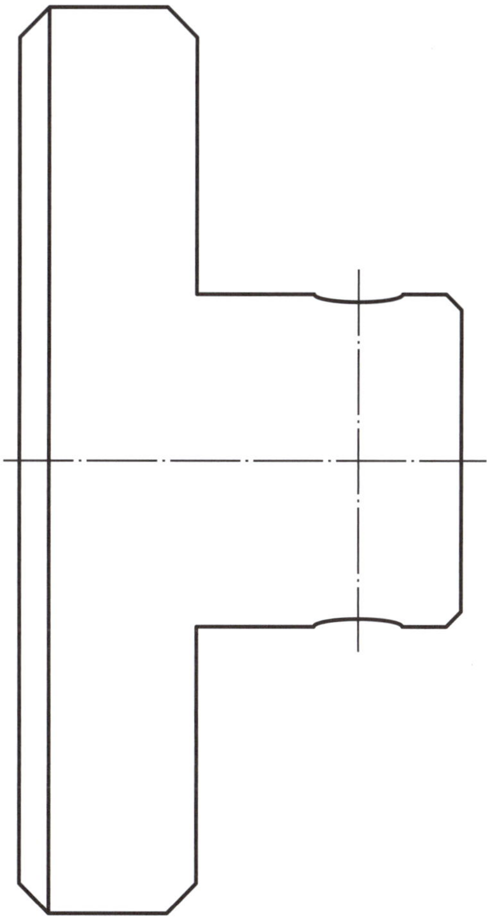

Kunststoffschweißen

21. Der Grundkörper und die Seitenteile (Pos. 2 und 3) sollen durch Kunststoffschweißen gefügt werden. Es entsteht eine stoffschlüssige, unlösbare und feste Verbindung.

- Finden Sie mithilfe der Stückliste auf der Seite 86 heraus, welche Kunststoffe für die Baugruppe Rohrschraubstock zum Einsatz kommen.

- Zu welcher Kunststoffgruppe zählen diese Kunststoffe?

22. Bei Erwärmung durchlaufen diese Kunststoffe verschiedene Zustandsbereiche. Dabei ändern sich die Höchstdehnung ε_M und die Zugfestigkeit σ_M.

- Stellen Sie den Kurvenverlauf der Zugfestigkeit mit einer durchgehenden Linie und den Verlauf der Dehnung mit einer gestrichelten Linie dar!

- Markieren Sie den Bereich farbig, in dem geschweißt werden kann!

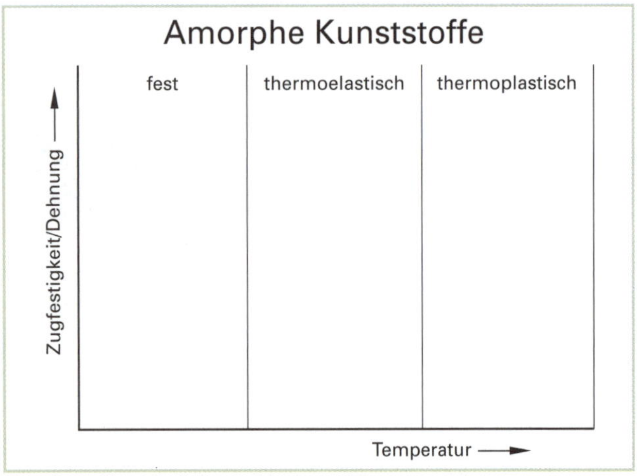

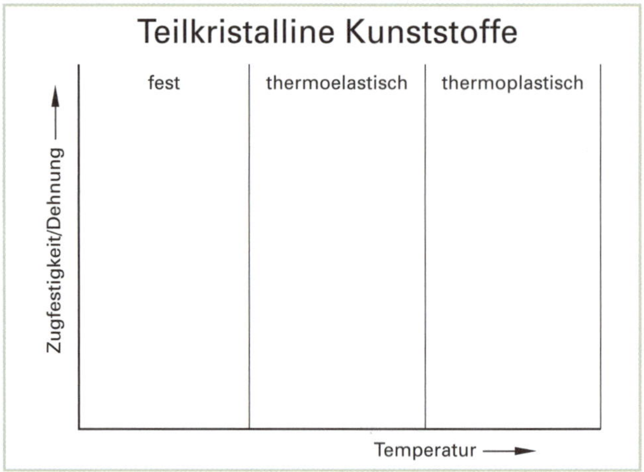

23. Der Schweißvorgang wird in verschiedene Fertigungsschritte eingeteilt.

- Vervollständigen Sie folgende Übersicht!

24. Um eine qualitätsgerechte Schweißnaht zu erhalten, ist in der Praxis die Abstimmung der Schweißparameter von großer Bedeutung.

- Nennen Sie die drei wesentlichen Schweißparameter!

25. Die Bauteile des Rohrschraubstockes sind durch verschiedene Fügeverfahren verbunden worden.

◆ Nennen Sie je einen Vorteil und Nachteil des Schweißens gegenüber dem Fügen durch Schrauben!

Schweißverbindung	Schraubverbindung
Vorteil:	**Vorteil:**
Nachteil:	**Nachteil:**

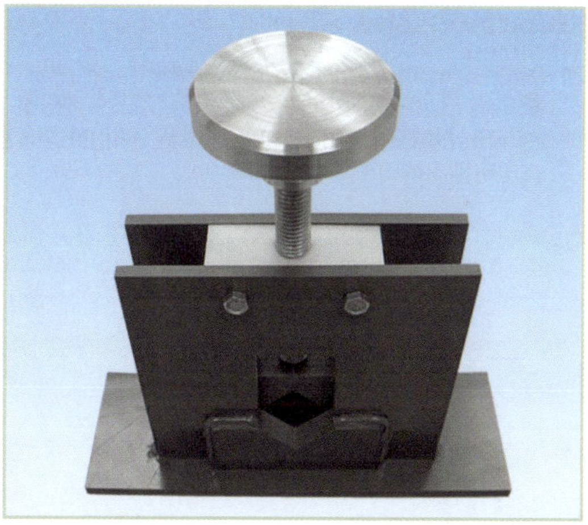

26. Der Grundkörper und das Seitenteil (Pos. 2 und 3, siehe Seite 86) des Rohrschraubstockes sind aus dem Kunststoff PVC-U gefertigt worden. Deshalb können sie durch Schweißen gefügt werden.

◆ Warum können nur gleiche oder gleichartige Kunststoffe geschweißt werden?

27. Die Schweißverfahren werden hinsichtlich des Wärmeträgers, der zum Plastifizieren des Kunststoffes führt, eingeteilt.

◆ Benennen Sie die dargestellten Schweißverfahren und den jeweiligen Wärmeträger!

Kunststoffschweißverfahren				
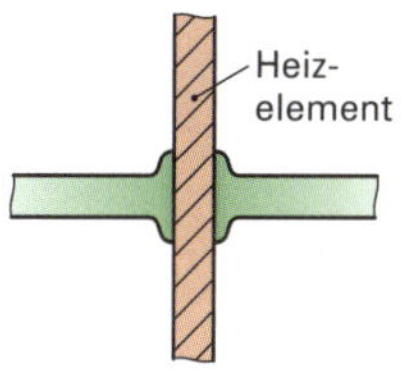	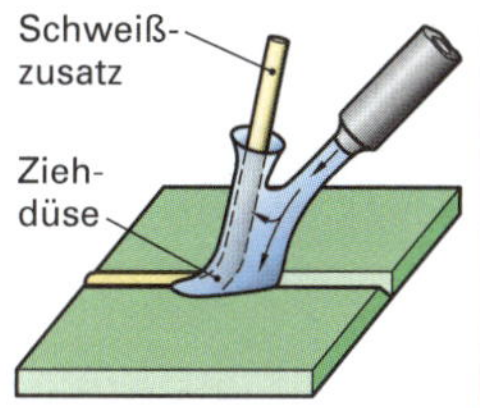	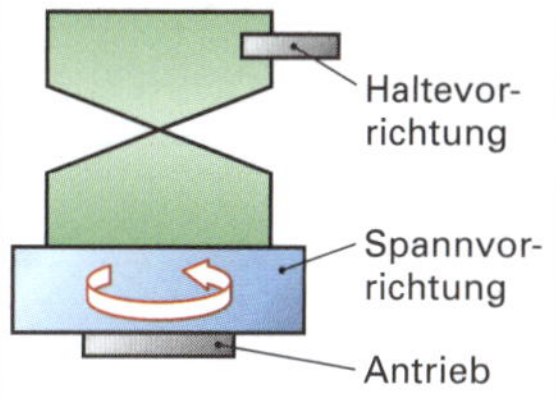	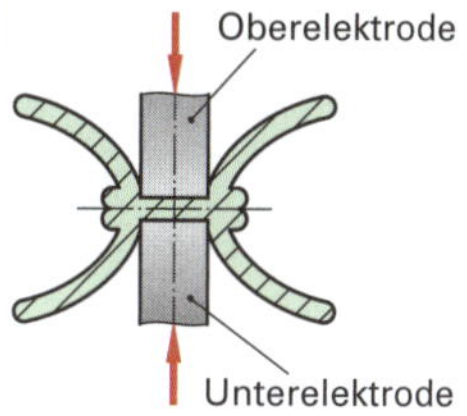	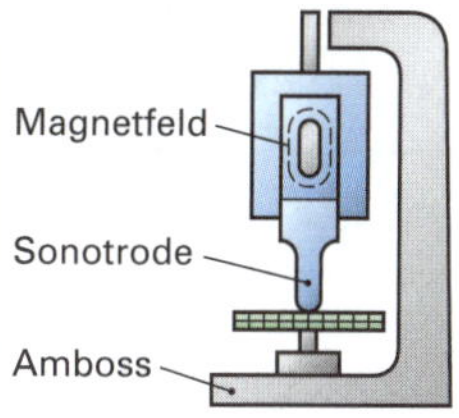

28. Eine geeignete Methode, die Bauelemente des Rohrschraubstockes zu verbinden, ist das Ziehschweißen. Es gehört wie das Fächelschweißen zur Gruppe der Warmgasschweißverfahren.

◆ Worin unterscheiden sich diese Techniken und wofür werden sie außerdem angewandt?

Warmgasziehschweißen (WZ):

Anwendung:

Warmgasfächelschweißen (WF):

Anwendung:

29. Beim Warmgasschweißen benötigt man einen Wärmeträger, z. B. Luft oder Inertgase wie Stickstoff oder Kohlendioxid.

◆ Das Manometer einer Stickstoff-Flasche ($V = 50$ l) zeigte zu Beginn der Schweißarbeit einen Druck von 112 bar an. Nach Beendigung der Arbeit ist der Druck auf 84 bar gefallen. Wie viele Liter Stickstoff, bezogen auf 1 bar, sind verbraucht worden?

30. Mit dem Heizelementschweißen werden Rohre und Formteile aus Kunststoff wirtschaftlich gefügt.

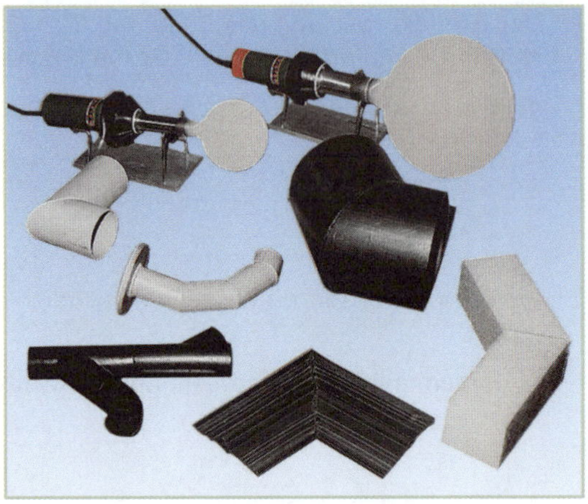

◆ Beschreiben Sie stichpunktartig die Arbeitsschritte!

◆ Kunststoffrohre werden je nach Einsatzgebiet aus verschiedenen Werkstoffen hergestellt, zum Beispiel aus Polyethylen, Polypropylen oder Polyamid. Ermitteln Sie für diese Werkstoffe die erforderlichen Heizelementtemperaturen.

PE-HD:	PP:	PA:

31. Das Ultraschallschweißen ist eines der wichtigsten Schweißverfahren der Kunststoffindustrie. Es wird vorwiegend zum Verschweißen von Formteilen und Folien verwendet.

◆ Welche Vorteile hat das Ultraschallschweißen gegenüber anderen Verfahren?

◆ Erläutern Sie das Verfahrensprinzip des Ultraschallschweißens! Verwenden Sie dazu das Lehrbuch.

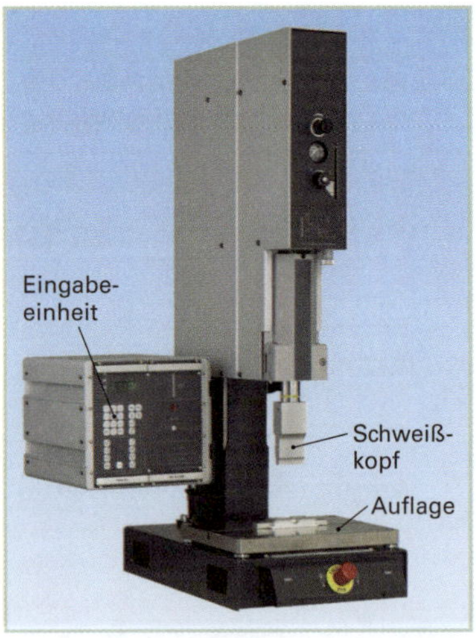

32. Die Anordnung der zu fügenden Teile bestimmt ihre Stoßart.

◆ Benennen Sie die folgenden Stoßarten!

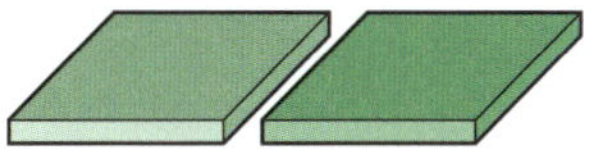	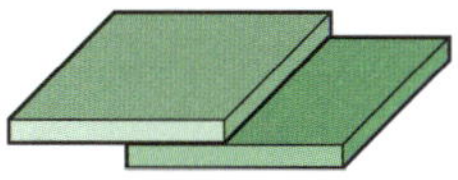		

33. Die Nahtform der Schweißung wird der Dicke der Bauteile, die verbunden werden sollen, angepasst.

◆ Vervollständigen Sie mithilfe des Tabellenbuches folgende Tabelle.

Nahtart	Sinnbild	bildlich	sinnbildlich
I-Naht			
Kehlnaht			
V-Naht			
Doppel-V-Naht			

34. Der Verbrauch des Zusatzwerkstoffes kann berechnet werden.

◆ Für eine 625 mm lange Kehlnaht in der Tabelle (Höhe $h = 8$ mm) ist das Nahtvolumen in cm^3 zu berechnen!

Kunststoffkleben

35. Werden Grundkörper und Seitenteile (Pos. 2 und 3, siehe Seite 86) aus unterschiedlichen Kunststoffen gefertigt, ist es nicht möglich, diese Bauteile durch Kunststoffschweißen zu verbinden. Ein Fügeverfahren, welches eine Verbindung verschiedener Werkstoffe ermöglicht, ist das Kleben. Wie Schweißen gehört auch das Kleben zu den stoffschlüssigen Fügeverfahren der Fertigungstechnik.

◆ Wählen Sie für die folgenden Werkstoffkombinationen einen geeigneten Klebstoff aus und ordnen Sie ein Anwendungsbeispiel zu.

Werkstoffkombination	Klebstoff	Anwendungsbeispiel
Schaumstoff – Holz		
Duroplaste – Beton		
Metall – Metall		
Duroplaste – Metall		

36. Neben der Möglichkeit, die unterschiedlichsten Werkstoffe zu verbinden, weist das Kleben noch weitere Vorteile auf.

◆ Welche Vorteile bieten Klebverbindungen außerdem?

37. Die Klebverbindung besteht aus den beiden Fügeteilen und der dazwischenliegenden Klebstoffschicht. Sie wird durch Oberflächenhaftung (Adhäsion) und innere Kräfte (Kohäsion) miteinander verbunden.

◆ Tragen Sie diese Kräfte als Verbindungslinien zwischen den Molekülen und Flächen unterschiedlich farbig ein.

◆ Erläutern Sie die Begriffe Adhäsion und Kohäsion!

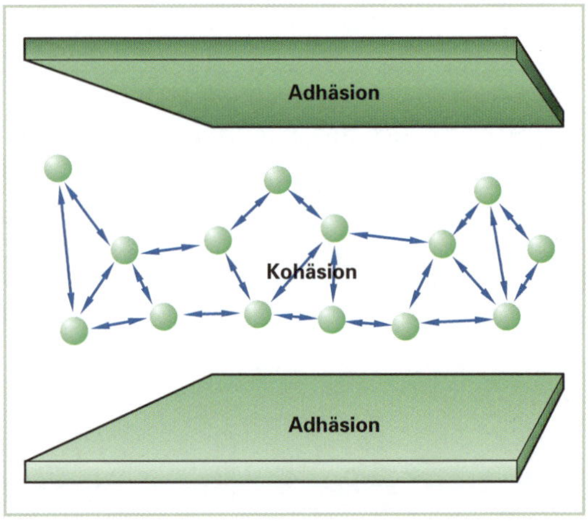

◆ Welche Grundformen der Belastungsarten sind hier dargestellt? Kennzeichnen Sie durch Unterstreichen welche davon für eine Klebeverbindung ungünstig sind!

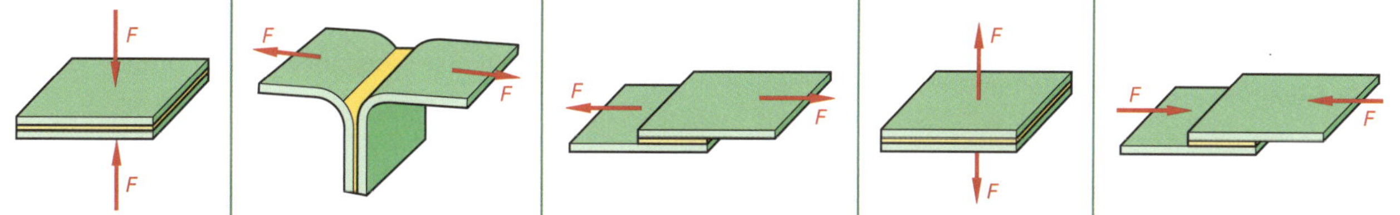

38. Welche Einflussfaktoren müssen bei der Auswahl eines Klebstoffes beachtet werden? Nennen Sie mindestens drei Beispiele!

◆ Nennen Sie jeweils drei Klebstofftypen für physikalisch und chemisch abbindende Klebstoffe.

physikalisch	**chemisch**

39. Die in den linken Bildern ausgeführte Klebeverbindung der Winkelbleche bzw. Rohrstücke ist ungünstig und wird bei Beanspruchung auf Zug nicht halten.

◆ Skizzieren Sie eine Klebeverbindung mit höherer Festigkeit.

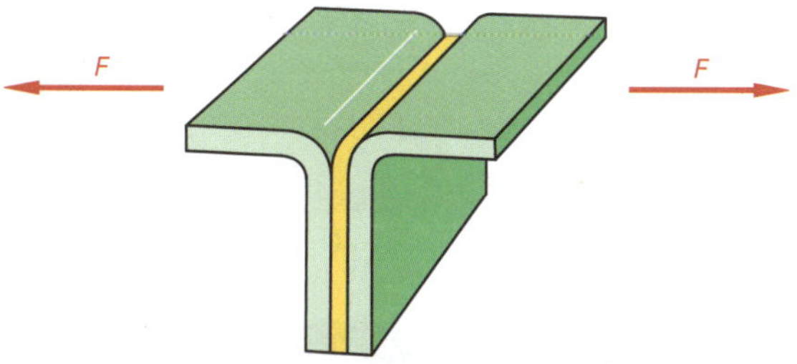

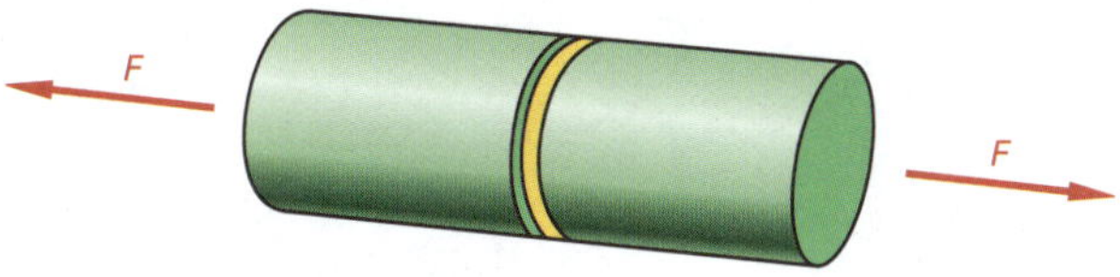

40. Aufgrund ihres chemischen Aufbaus lassen sich nicht alle Kunststoffe gleich gut durch Kleben fügen und mit den gleichen Klebstoffen verbinden.

- Welche Werkstoffeigenschaften sind wichtig für das Kleben?

- Ergänzen Sie die Tabelle hinsichtlich der Klebbarkeit der Kunststoffe!

gut klebbar	bedingt klebbar	schlecht klebbar

41. Seitenteile und Grundkörper des Rohrschraubstockes bestehen aus PVC-U und können somit gut durch Kleben gefügt werden. Damit eine optimale Endfestigkeit erreicht wird, müssen vor dem Verbinden die Fügeflächen vorbehandelt werden.

- Wie müssen die Klebeflächen vor dem Kleben beschaffen sein?

- Welche Vorbehandlungen sind auf den folgenden Bildern dargestellt? Nennen Sie zu jeder Vorbehandlung mehrere Möglichkeiten!

42. Gleich im Anschluss an die Vorbehandlungsmaßnahmen muss der Klebstoff aufgetragen werden.

◆ In den folgenden Bildern ist der Klebevorgang dargestellt. Benennen Sie die Arbeitsschritte!

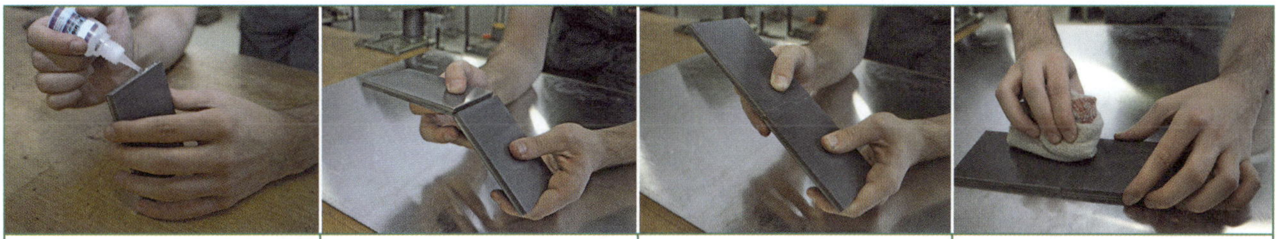

◆ Erklären Sie den Fachbegriff „Topfzeit"!

◆ Wie kann die Aushärtezeit wesentlich verkürzt werden?

43. Die Festigkeitsprüfung einer Klebeverbindung kann durch den Zugscherversuch nach DIN EN 1465 durchgeführt werden. Die abgebildete Klebeprobe muss eine Zugkraft von 19 kN aushalten. Der Klebstoff Epoxid-Polyamid besitzt eine Zugscherfestigkeit τ_{KB} von 38 N/mm^2.
Für die Berechnung gilt die Formel: Bindefestigkeit gleich Zugkraft geteilt durch Klebefläche.

◆ Berechnen Sie die erforderliche Klebefläche und die Überlappungslänge!

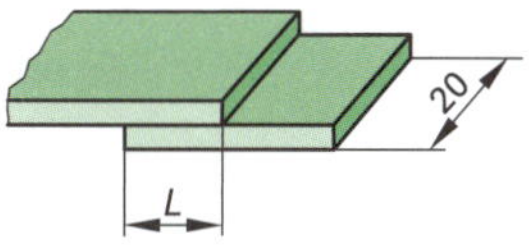

44. Schweißen und Kleben gehören zu den häufigsten Fügeverfahren von Kunststoffen. Sie haben jedoch den Nachteil, dass sie nicht lösbar sind. Soll eine Verbindung sehr häufig gelöst und wieder gefügt werden, bietet sich eine mechanische Verbindung an.

◆ Wie werden die dargestellten Verbindungen bezeichnet? Was wird mit *f*/2 festgelegt?

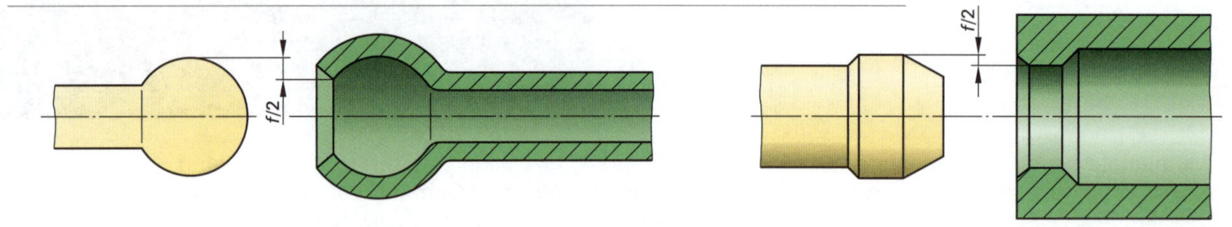

◆ Welche Eigenschaft der Kunststoffe ist Voraussetzung für diese Art der Verbindung?

◆ Welche Kunststoffe sind dafür geeignet?

◆ Nennen Sie je zwei Vor- und zwei Nachteile der Verbindung.

Vorteile	Nachteile

45. Die Größe des Haltewinkels hat einen entscheidenden Einfluss bei diesem Fügeverfahren.

◆ Tragen Sie in die Abbildungen die korrekten Winkel der Abschrägung ein!

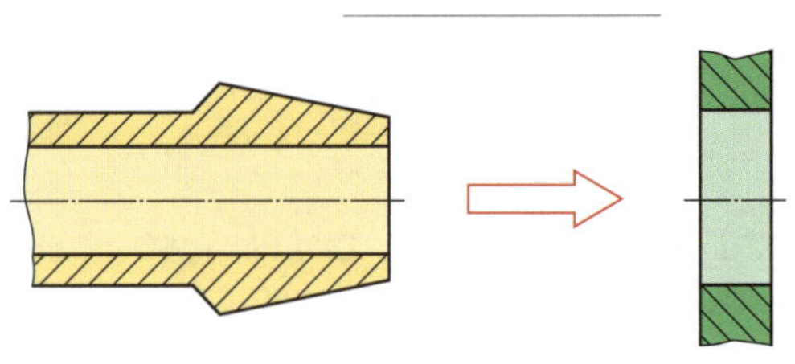

lösbare Verbindung

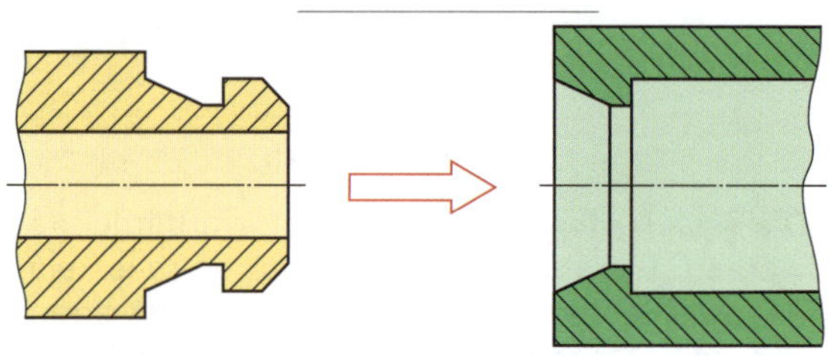

unlösbare Verbindung

◆ Welche Grundformen unterscheidet man bei diesem Fügeverfahren und welche Befestigungselemente kann man diesen Gruppen aus Ihrem Erfahrungsbereich zuordnen?

Grundform	Befestigungselement

Nietverbindungen

46. Sollen zwei Bauteile unlösbar miteinander verbunden werden, kann man sie auch durch Nieten verbinden.

◆ Um welche Art von Verbindung handelt es sich bei Nietverbindungen?

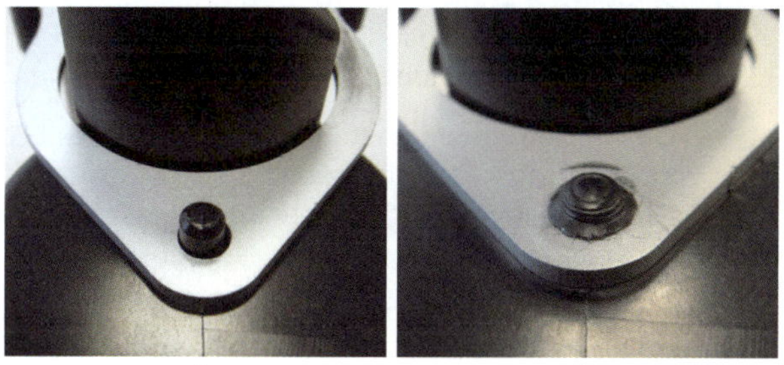

vorher nachher

47. Metallniete werden bei Kunststoffen selten angewendet, da sie nicht korrosionsbeständig sind. Außerdem bieten Kunststoffniete einen großen wirtschaftlichen Vorteil, weil sie direkt angeformt werden können.

◆ Die Kunststoffniete werden hinsichtlich ihrer Köpfe unterschieden. Wie werden sie bezeichnet? Stellen Sie die Verbindungen als Skizze dar.

48. Um die Fügeteile zu verbinden, werden die Köpfe der Niete gestaucht und so der Form der Bohrung angepasst. Dieses Stauchen kann sowohl im warmen als auch im kalten Zustand erfolgen.

◆ Nennen Sie je einen Vorteil und einen Nachteil dieser beiden Verfahren!

	Kaltstauchen	Warmstauchen
Vorteil		
Nachteil		

◆ Welche Geräte, Maschinen und Anlagen können für das Nieten eingesetzt werden?

Toleranzen und Passungen

49. Die nebenstehende technische Zeichnung zeigt das Bauteil Brücke (Pos. 4) des Rohrschraubstockes.

- Ermitteln Sie die fehlenden Maße und tragen Sie die Maßzahlen in die Zeichnung ein!
- Tragen Sie für das Maß ø 5,5 ± 0,2 die vollständige Bezeichnung und die Zahlenwerte hinter dem jeweiligen Kurzzeichen in die Tabelle ein:

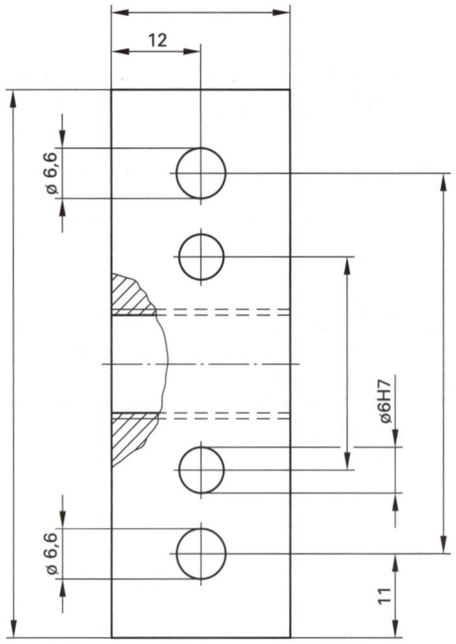

Kurzzeichen	vollständige Bezeichnung	Zahlenwert
N		
ES / es		
EI / ei		
G_O		
G_U		
T		

50. Für Maße ohne Toleranzangabe gelten die Allgemeintoleranzen nach DIN ISO 2768 in den Toleranzklassen f (fein), m (mittel), c (grob) und v (sehr grob).

- Für das Bauteil Brücke gilt die Toleranzklasse m (mittel). Lösen Sie die folgende Aufgabe mithilfe des Tabellenbuches. Tragen Sie die entsprechenden Werte in mm in die Tabelle ein.

Zeichnungsangabe	Grenzabmaße	Höchstmaß	Mindestmaß	Toleranz
11				
24				
50				

51. Wenn mehrere Bauteile besonders genau zueinander passen müssen, sind die entsprechenden Maße eng zu tolerieren. Die Allgemeintoleranzen sind hierfür nicht mehr ausreichend. Man verwendet ISO-Toleranzen nach DIN ISO 286.

- Bei welchem Maß handelt es sich in der Zeichnung Brücke (Pos. 4) um eine ISO-Toleranz? Was bedeuten der Buchstabe und die Zahl?

52. Die nachfolgende Zeichnung stellt das Seitenteil (Pos. 3) dar.
Um dieses Bauteil herstellen zu können, sind eine Reihe von Maßangaben notwendig.

- Vervollständigen Sie die notwendigen Maße der Zeichnung!
- Welche Art der Bemaßung wurde hier gewählt?

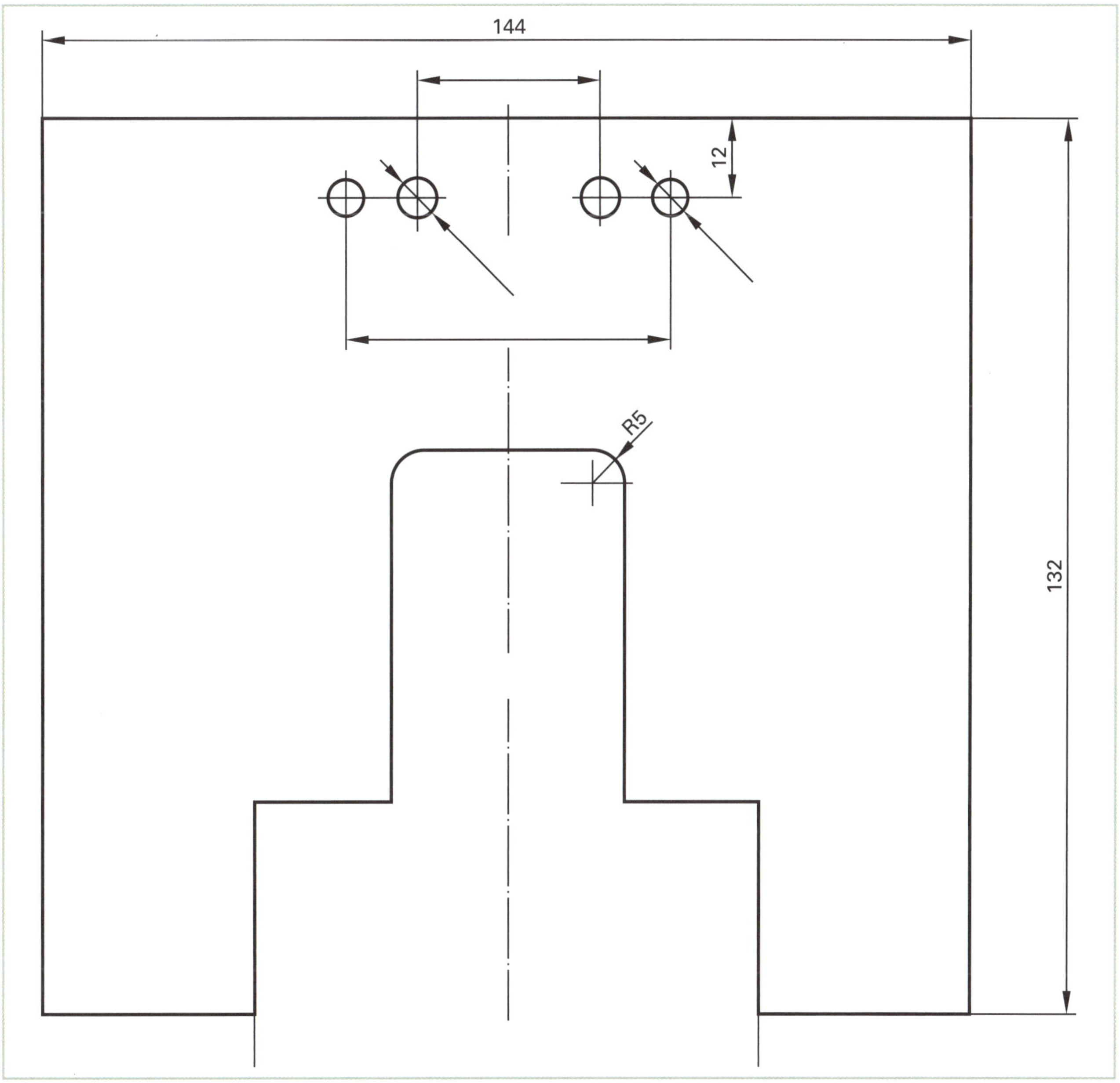

- Tragen Sie die entsprechenden Werte nach DIN ISO 2768-1 m in mm in die Tabelle mithilfe des Tabellenbuches ein.

Zeichnungsangabe	Grenzabmaße	Höchstmaß	Mindestmaß	Toleranz
144				
ø5,5				
ø6H7				

Montage / Demontage

53. Nach längerem Gebrauch ist Verschleiß am Rohrschraubstock aufgetreten. Der Grundkörper (Pos. 2) muss ausgewechselt werden

◆ Welche Teile (Anzahl, Benennung und Positionsnummer) müssen der Reihe nach demontiert werden, wenn der Grundkörper ausgebaut werden soll?

Anzahl	Benennung	Positionsnummer

◆ Welches Problem ergibt sich bei der Demontage?

54. Der Grundkörper muss neu gefertigt werden. Dazu sind verschiedene Verfahrensschritte notwendig.

◆ Welche Abmaße hat das Rohteil?

◆ Berechnen Sie die Masse des Rohteiles!

◆ Welche Arbeitsschritte sind notwendig, um den Grundkörper herzustellen?

Nr.	Arbeitsschritt	Werkzeug/Hilfsmittel
1		
2		
3		
4		
5		

Versuche und Übungen

1. Beim Anflanschen eines Extrusionswerkzeuges wurde eine Schraube mit einem zu hohen Drehmoment angezogen und dabei wurde das Muttergewinde beschädigt. Welche Maßnahmen sind zur Behebung des Schadens zu treffen?

- Bestimmen Sie mithilfe des Tabellenbuches die Abmessungen zur Herstellung eines Innengewindes M10!

2. Das neue Gewinde kann nur dann das maximale Drehmoment übertragen, wenn die Gewindeflanken glatt und vollständig geformt sind. Untersuchen Sie dabei, welchen Einfluss die Vorbohrung, die Schmierung und die einzelnen Gewindeschneiderstufen haben!

- Reißen Sie die mittels Schweißen zusammengehefteten Flachstähle 20 x 10 x 150 mm wie im Bild an!
- Bohren Sie die Gewindevorbohrdurchmesser lt. Tabelle!
- Senken Sie die Bohrungen lt. Tabellenbuchvorgabe an!
- Messen Sie die Vorbohrdurchmesser und tragen Sie die Maße in die Tabelle ein!
- Schneiden Sie die Gewinde mit dem Gewindeschneidersatz bzw. mit der angegebenen Stufe und beachten Sie die Besonderheiten der einzelnen Bohrungen!
- Messen Sie den Kerndurchmesser, prüfen Sie die Gewinde mit dem Gewindelehrdorn und beurteilen Sie die Flanken nach dem Entfernen der Schweißpunkte!

Nr.	Vorbohr-ø in mm	Besonderheiten	Kernloch-ø in mm	Prüfergebnis	Flankengüte	Flankenform
1		nur Stufe I				
2		nur Stufe I und II				
3						
4		ohne Schmierung				
5		ohne Senkung				
6		Senk ø 10 mm				

Erkenntnisse:

3. Beim maschinellen Gewindeschneiden sind spezielle Spannfutter erforderlich. Bewerten Sie den Einsatz von links- und rechtsgedrallten Maschinengewindeschneidern!

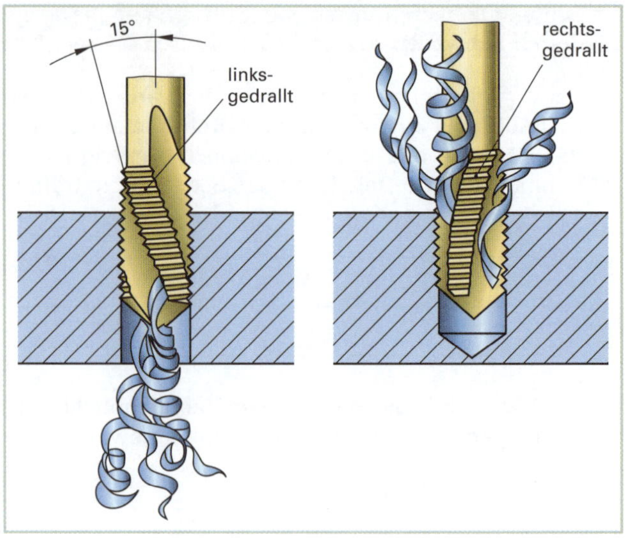

- Bestimmen Sie den Vorbohrdurchmesser für M12!

$d =$ ______ mm

- Reißen Sie die beiden Mittelpunkte an, körnen Sie die Schnittpunkte und bohren Sie wie dargestellt!
- Senken Sie die Bohrungen an!
- Rüsten Sie die Maschine mit dem Gewindeschneidefutter!
- Stellen Sie eine Drehzahl von $n = 20\ \text{min}^{-1}$ ein!
- Schneiden Sie die beiden Gewinde fachgerecht!

Erkenntnisse: ______________________________

____

- Warum müssen die Maschinengewindeschneider einen Drall aufweisen?

____

____

____

4. In einer Grundplatte aus Aluminiumlegierung ist ein Gewindebolzen einzusetzen, um beim mehrmaligen Lösen der Verbindung das Gewinde in der Grundplatte nicht zu beschädigen. Bereiten Sie den Bolzen zum Schneiden des Außengewindes vor und schneiden Sie das Gewinde mit einer Länge von 30 mm!

- Beantworten Sie die Fragen aufgrund Ihrer vorher gewonnenen Erkenntnisse!

Wie groß muss der Bolzendurchmesser sein?

____

Wie groß muss der Anfangsdurchmesser sein?

____

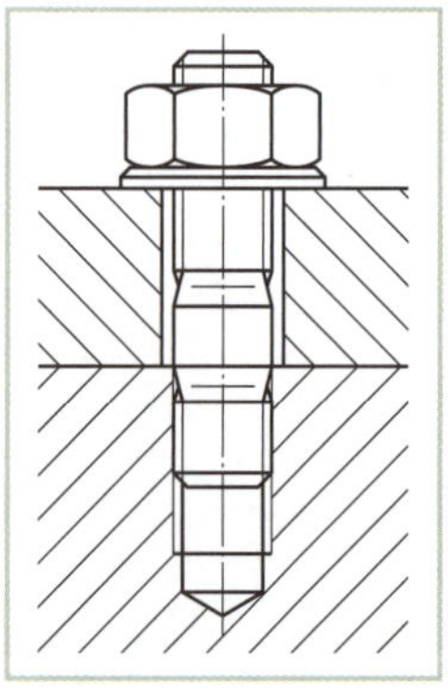

Welche Folgen hat das Gewindeschneiden von Außengewinde im Schraubstock?

____

Nennen Sie weitere Herstellverfahren für Außengewinde!

____

____

1. Beim Fügen von Kunststoffen werden hauptsächlich Schweißverfahren eingesetzt. Da die zu verbindenden Teile nur im Schweißbereich thermoplastisch werden, muss beim Fügen zusätzlich Druck ausgeübt werden.

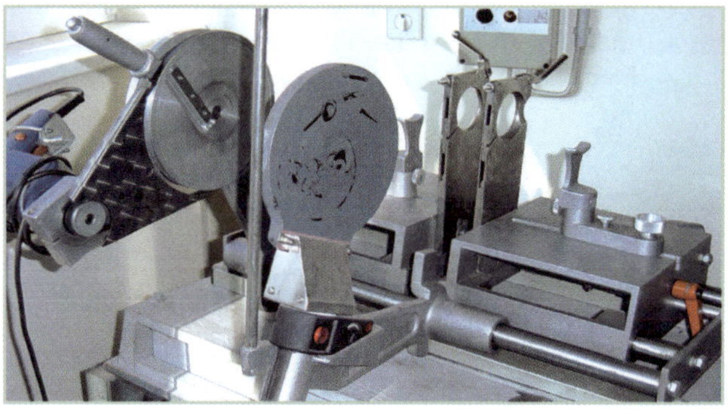

- Bestimmen Sie die drei Schweißparameter!

____

____

____

2. Untersuchen Sie die Einflüsse beim Heizelementschweißen.
   - Heizen Sie das Heizelement auf die erforderliche Schweißtemperatur und rüsten Sie die Zerreißmaschine!
   - Werkstoff: PVC-U Halbzeug: 40 x 5 x 80
   - Kolbendurchmesser d_k = 25 mm
   - Schweißen Sie die Teile in der Vorrichtung und ermitteln Sie die Zugkräfte F_z im Zerreißversuch!
   - Beurteilen Sie die Schweißwülste!

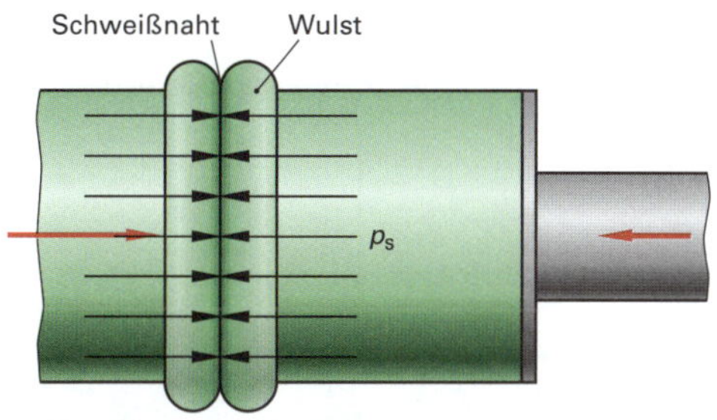

Probe	Anwärmzeit t in s	Temperatur in °C	Arbeitsdruck p_e in bar	Schweißdruck p_s in N/mm²	Zugkraft F_z in N	Schweißwulst h in mm
1	10	230	4			
2	30	230	4			
3	50	230	4			
4	30	200	4			
5	30	260	4			
6	30	230	6			
7	30	230	2			

Erkenntnisse:

____

____

- Ergänzen Sie im Diagramm den Zusammenhang zwischen Kühlzeit und Schweißdruck!

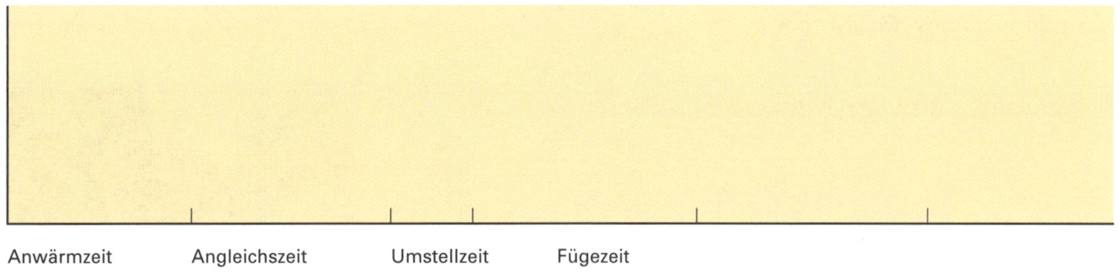

3. Mit Warmgasschweißen können Teile jeglicher Form verbunden werden. Schweißen Sie die verschiedenen Teile, beurteilen Sie Ihre Ergebnisse und bestimmen Sie Fehlerursachen!

- Bereiten Sie die Warmgasschweißgeräte und die Materialien nach den Tabellenangaben vor! Flachmaterial z. B. 50 x 5 x 80 mm aus PVC U

Kunststoff	Werkstoff-temperatur	Schweißgas-temperatur
PVC-U	mind. 160 °C	300 °C ... 350 °C
PMMA	mind. 150 °C	250 °C ... 300 °C
PP	mind. 175 °C	240 °C ... 280 °C
PE-HD	mind. 130 °C	240 °C ... 280 °C

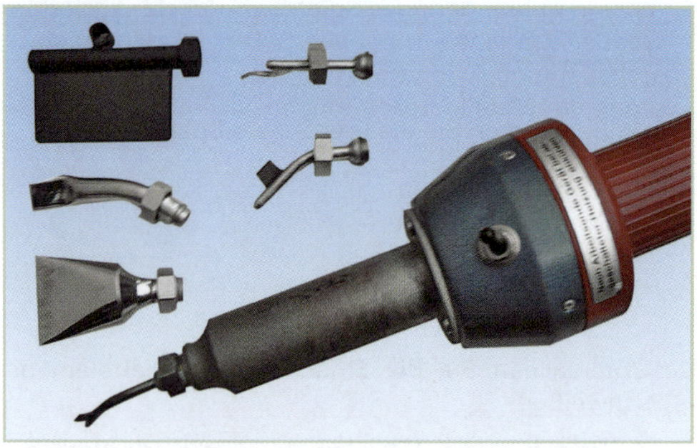

- Bestimmen Sie die Schweißnaht und das Schweißsymbol, sowie den Fehler in der Handhabung!

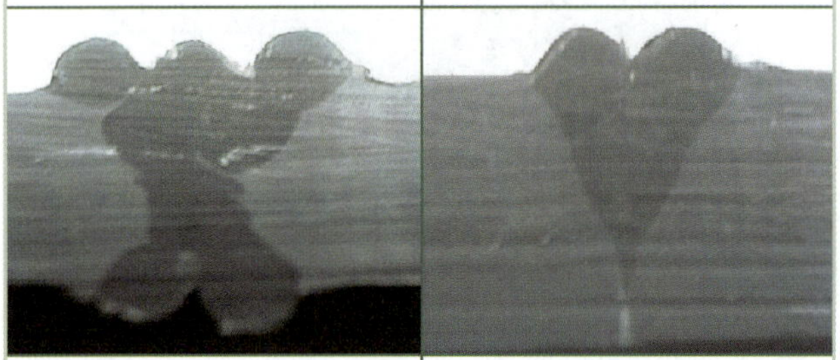

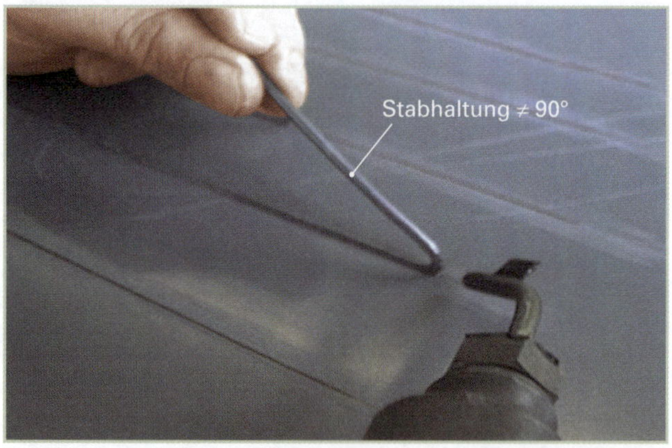

- Schweißen Sie die beiden Teile einmal ohne und einmal mit Gegenlage, zerreißen Sie Ihre Schweißverbindung und beurteilen Sie die Schweißnähte!

Nahtart	Beurteilung der Schweißnaht	Zerreißkraft F_z in N
ohne Gegenlage		
mit Gegenlage		

Erkenntnisse:

- Bestimmen Sie die Fehlerursachen!

Farbänderung an Naht oder Werkstück:

keine seitliche Wulstbildung:

sehr dünne Schweißnaht:

- Nennen Sie die Vorteile des Warmgasziehschweißens!

Lernfeld 3 Kleben von Metallen

Grundlagen der Klebetechnik

1. Zum Fügen von Schraubenverbindungen ist zwischen Schraube und Mutter geringes Spiel erforderlich. Die äußeren einwirkenden Kräfte wie z. B. hohe Belastungen quer und längs zur Achsrichtung, Vibrationen, unterschiedliche Wärmeausdehnung der Metalle usw. können zum Aufheben der Selbsthemmung führen.

   - Wie lässt sich das Risiko eines selbsttätigen Lösens der Schraubverbindung verringern?

2. Klebeübungen zur Feststellung der Zugbelastung von einfach überlappten Blechstreifen.

   - Bereiten Sie jeweils zwei Blechstreifen mit folgender Oberflächenqualität vor:
     - metallisch blank
     - metallisch blank und aufgeraut
     - metallisch blank, aufgeraut und mit Reinigungsspray nachbehandelt

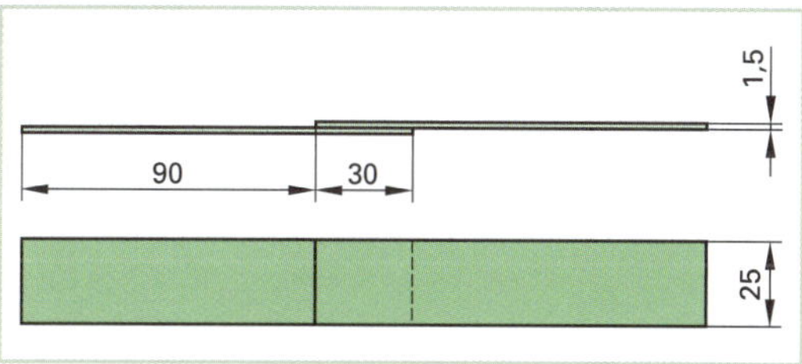

   - Bestimmen Sie mithilfe des Tabellenbuches geeignete Kleber!

Kleber:

   - Führen Sie die Klebeübungen entsprechend der Abbildungen durch!

   - Berechnen Sie, welcher Zugkraft F_z Ihre einfach überlappte Klebung standhalten muss (τ_{KB} = 26 N/mm^2)!
   - Ermitteln Sie die Zugkraft F_z nach dem Aushärten mithilfe einer Zerreißmaschine!

Erkenntnisse:

Beanspruchungen von Klebeverbindungen

3. Geklebte Verbindungen können durch unterschiedlich wirkende Kräfte beansprucht werden.
   - Benennen Sie Beanspruchungsarten der abgebildeten Klebeverbindungen!

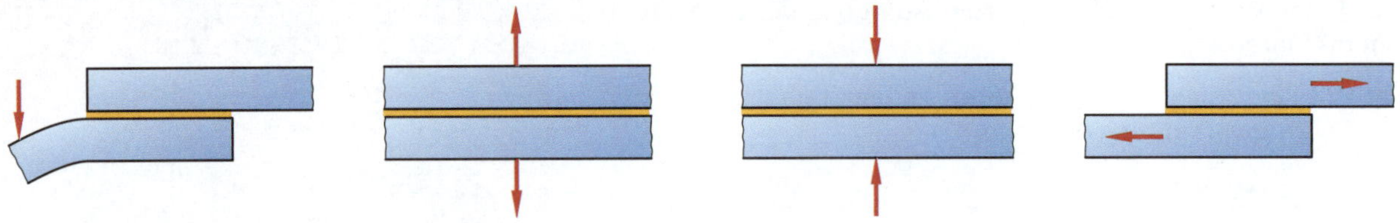

______________	______________	______________	______________
______________	______________	______________	______________

   - Welche Beanspruchungsart ist für Klebeverbindungen unbedingt zu vermeiden (Begründung)?

____

____

____

4. Beanspruchungsgerechte Gestaltung von Klebverbindungen aus verschiedenen metallischen Werkstoffen.
   - Verändern Sie die ungünstigen Klebeverbindungen in konstruktiv stabilere Klebeverbindungen!
   - Wählen Sie für Ihre vorhandenen Werkstoffe geeignete Kleber aus!
   - Führen Sie Ihre veränderten Klebeverbindungen fachgerecht aus und ermitteln Sie die Zerreißkraft!

Schälbeanspruchung = **schlecht** 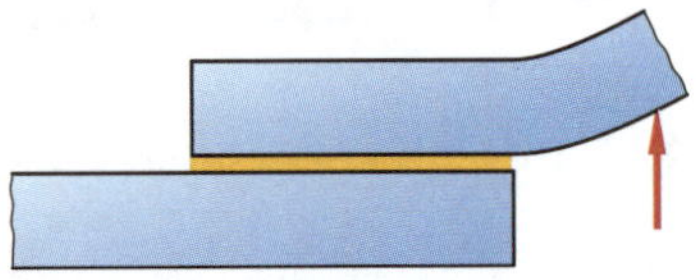	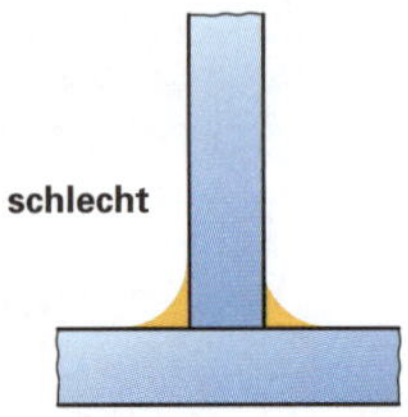	 **schlecht**
Umwandlung in Zug- und Druckbeanspruchung = **gut** 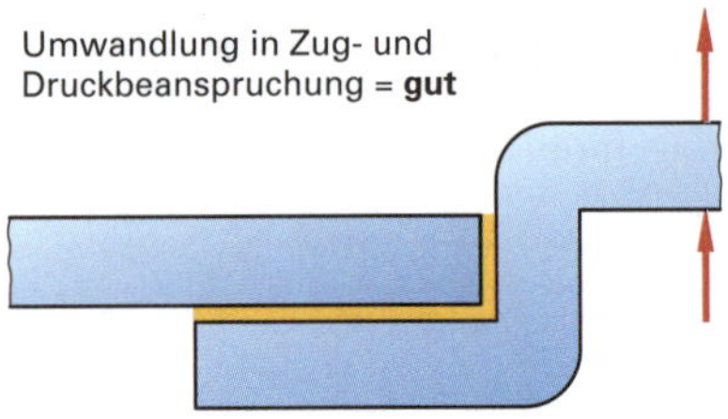	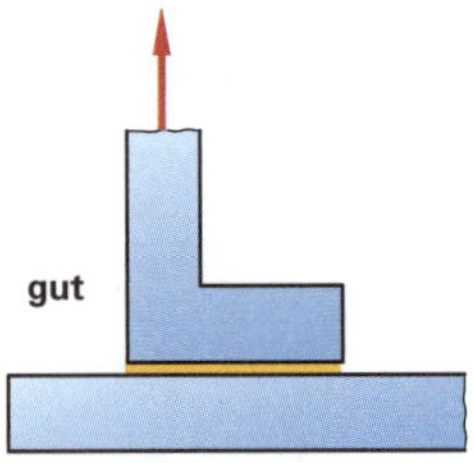	 Schäftung = **sehr gut** (Schäftungswinkel ≈ 30°)
Kleberart: ______________	Kleberart: ______________	Kleberart: ______________
Druckkraft F_d = __________ kN	Zerreißkraft F_z = __________ kN	Zerreißkraft F_z = __________ kN

   - Welche wichtigen Unfallverhütungsvorschriften (UVV) sind beim Kleben zu beachten?

____

____

Lernfeld 3 Kleben von Kunststoffen

1. Maßgebend für eine haltbare Klebeverbindung ist unter anderem die Oberflächenvorbehandlung. Bei thermoplastischen Kunststoffen kommt diesem Aspekt eine besondere Bedeutung zu.

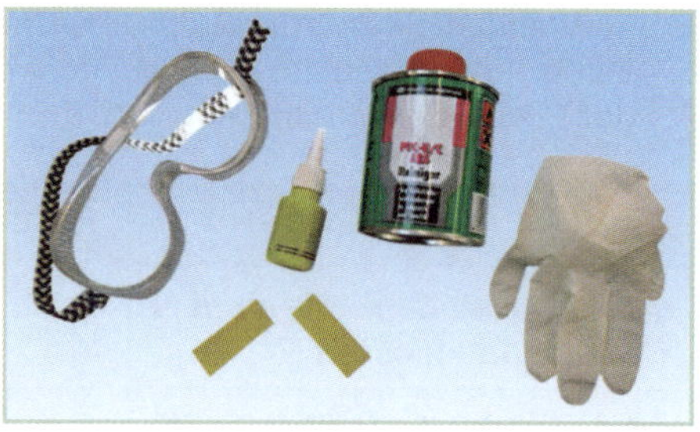

- Bereiten Sie sechs Werkstoffstreifen aus PVC-U mit den Abmessungen 20 x 50 x 2 vor und stellen Sie einen Cyanacrylatkleber (Sekundenkleber) bereit!
- Welche Maßnahmen zur Arbeitssicherheit müssen Sie treffen?

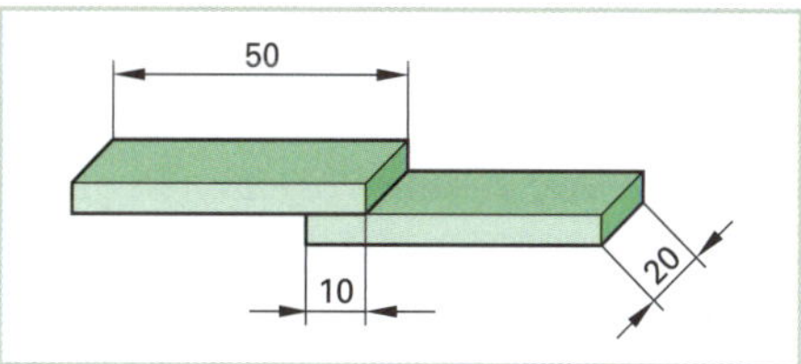

- Ermitteln Sie einen geeigneten Reiniger und behandeln Sie die Klebeflächen laut Tabelle vor!
- Fertigen Sie je eine Verbindung mit 10 mm Überlapplänge nach Skizze!
- Ermitteln Sie die erforderliche Zerreißkraft nach der Aushärtzeit auf der Zugprüfmaschine!

Vorbehandlung der Klebeflächen	keine	nur mit Reiniger abgewischt	Flächen fein aufgeraut und mit Reiniger abgewaschen
erforderliche Zerreißkraft in N			

Erkenntnisse:

2. Ein weiterer Einflussfaktor auf die Festigkeit einer Klebeverbindung ist die richtige Klebstoffmenge an der richtigen Stelle. In vielen Fällen nutzt man dafür manuelle und vollautomatische Dosiersysteme.
   - Bereiten Sie vier PVC-U-Streifen mit 20 x 50 x 2 und einen für PVC geeigneten Kleber vor!
   - Rauen Sie die Klebefläche und reinigen Sie diese mit dem Spezialreiniger!
   - Tragen Sie auf zwei Streifen den Klebstoff minimal, aber vollflächig auf! Die beiden anderen Streifen bestreichen Sie bewusst dick mit Klebstoff!
   - Fügen Sie die Teile und achten Sie auf den Erhalt der Klebstoffschichtdicke!
   - Nach der Aushärtung ermitteln Sie die erforderliche Zerreißkraft für die beiden Verbindungen!

	Klebstoffauftrag dünn	Klebstoffauftrag dick
erforderliche Zerreißkraft in N		

Erkenntnisse:

3. Verwenden Sie nun sowohl einen für Kunststoffe geeigneten 2-Komponenten-Klebstoff und einen Cyanacrylatkleber (Sekundenkleber) und verkleben Sie die in der Tabelle aufgeführten Kunststoffe unter Berücksichtigung der Erkenntnisse von Seite 110. Ermitteln Sie anschließend die Zerreißkräfte!

Kunststoff	PVC-U – PVC-U	PP – PP	PS – PS	PE-HD – PE-HD
erforderliche Zerreißkraft in N Cyanacrylatklebstoff	______	______	______	______
erforderliche Zerreißkraft in N 2-Komponenten-Klebstoff	______	______	______	______

Erkenntnisse: ______________________________

____

4. Polypropylen und Polyethylen gelten wegen ihrer geringen Oberflächenenergie als schwer verklebbare Kunststoffe und bedürfen einer besonderen Vorbehandlung. Durch den Auftrag eines Primers (Haftvermittlers) wird die Oberflächenenergie erhöht und somit die Benetzbarkeit vergrößert.

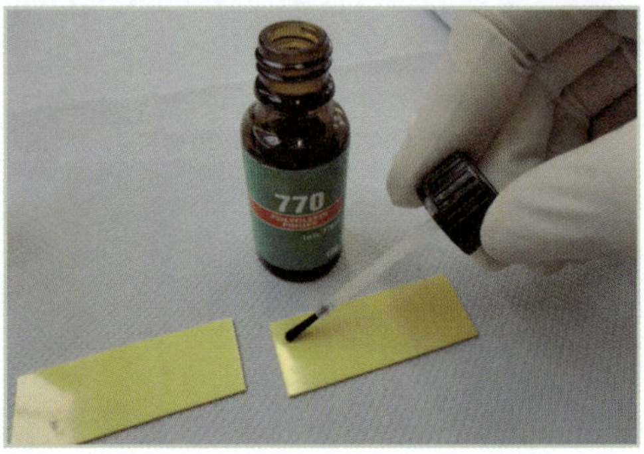

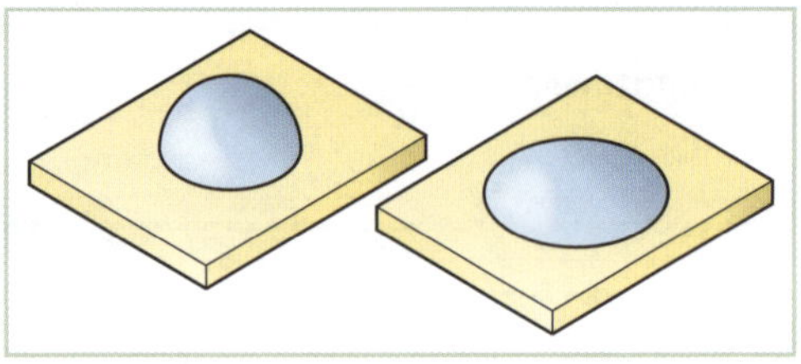

- Bereiten Sie zwei PP- und PE-HD-Streifen mit 20 x 50 x 2 vor!
- Geben Sie mehrere Wassertropfen auf die unbehandelten Oberflächen eines PP-Streifens sowie eines PE-Streifens und beschreiben Sie die Form der Tropfen!
- Bestreichen oder besprühen Sie die Oberflächen der beiden anderen Streifen mit einem Primer und lassen diesen kurz antrocknen! Beachten Sie die Verarbeitungsvorschriften des Primers!
- Geben Sie wiederum mehrere Wassertropfen auf die behandelten Flächen und vergleichen Sie die Ergebnisse!
- Entfernen Sie das Wasser und bringen Sie auch auf die ersten beiden Streifen den Primer auf!

Beobachtungen: ______________________________

____

____

Erkenntnisse: ______________________________

- Verkleben Sie jeweils die beiden PP- bzw. PE-Streifen miteinander!
- Ermitteln Sie im Zugversuch die Zerreißkräfte und vergleichen Sie die ermittelten Werte mit den Werten unter Punkt 3!

Kunststoff	PP	PE-HD
Zerreißkraft in N ohne Primer aus Versuch 3		
Zerreißkraft in N mit Primer		

Erkenntnisse: ______________________________

____

Lehrplaninhalte

Steuerkette und Regelkreis

Messen, Steuern und Regeln

EVA-Prinzip

Druckberechnungen

Funktionsprüfung

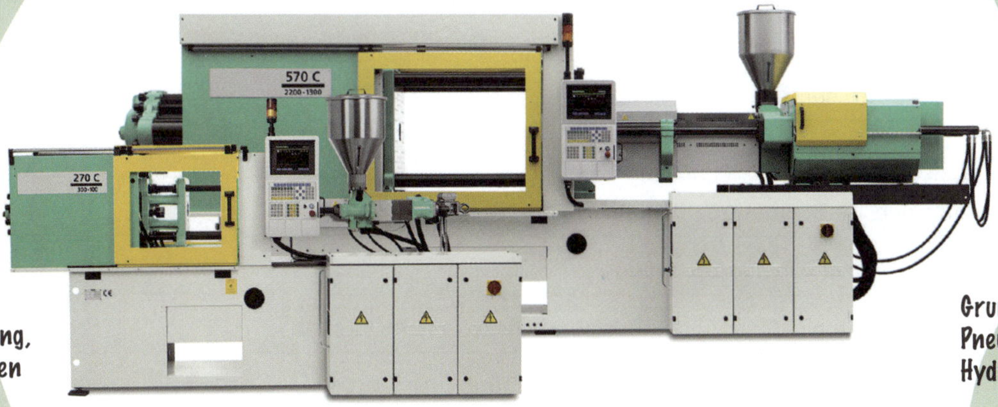

Entsorgung, Richtlinien

Grundlagen Pneumatik, Hydraulik

Hilfs- und Betriebsmittel, Wasser, Öle, Gase

Lernsituation Spritzgießmaschine

Durchflussmenge

Größen im elektrischen Stromkreis, Ohm`sches Gesetz, Reihen- und Parallelschaltung

Gefahren des elektrischen Stroms, elektrische Sicherheit

Projekt: Spritzgießmaschine

Beschreibung der Lernsituation

In der Kunststofftechnik ist das Spritzgießen ein bedeutendes Verfahren. Dafür sind hohe Investitionskosten für Maschinen und Anlagen erforderlich. Ein wirtschaftliches Arbeiten und die Gewährleistung einer qualitativen Produktion verlangt nach fachgerechter und regelmäßiger Wartung und Instandhaltung. Diese Arbeiten sind durchzuführen, Ursachen von Störungen zu erkennen und die Funktion zu überprüfen.

Aufgaben

Für ein fachgerechtes Arbeiten an der Maschine sind der richtige Umgang mit den Einrichtungen der Maschine unter Beachtung des Arbeitsschutzes gefordert. Der Einsatz von Hilfsstoffen ist dabei aufgabenbezogen anzuwenden und diese umweltgerecht zu entsorgen.

1. Ordnen Sie die in der Betriebsanleitung aufgeführten Sicherheitsanweisungen des Maschinenherstellers den folgenden Bereichen zu. Tragen Sie dazu den jeweiligen Kennbuchstaben in die Spalte „Bereich“ ein!

   P = Persönliche Schutzmaßnahmen **U** = Sicherheit im Maschinenumfeld **M** = Maschine und Anlage
   A = Allgemeine Betriebsregeln **WZ** = Sicherheit bei Werkstücken und bei Werkzeugen

Bereich	Sicherheitshinweise
______	Verankern Sie die Maschine mit dem Fundament bzw. benutzen Sie passende Nivellierelemente.
______	Tragen Sie eine Schutzbrille, wenn bei bestimmten Arbeiten Späne oder Funken entstehen.
______	Schützen Sie langes Haar mittels Haarnetz bzw. Kopfbedeckung.
______	Tragen Sie Sicherheitsschuhe.
______	Lose Kleidung, Handschuhe, Halsschmuck und Ringe können sich bei rotierenden Teilen verfangen.
______	Entfernen Sie Schmelzgut niemals mit der bloßen Hand.
______	Halten Sie den Arbeitsplatz sauber.
______	Entfernen Sie nichtbenötigte Werkzeuge aus dem Arbeitsraum.
______	Betreiben Sie die Maschine nie unbeaufsichtigt.
______	Werkzeuge mit Vorsicht behandeln, nicht artfremd einsetzen und Mängel sofort beseitigen.
______	Verwenden Sie nur zweckentsprechende Werkzeuge.
______	Beachten Sie die Herstellerangaben für die Wartung und Reinigung.
______	Sichern Sie das Werkzeug beim Einbau und überprüfen Sie die fachgerechte Befestigung.
______	Entfernen oder überbrücken Sie keine Sicherheitseinrichtungen.
______	Schalten Sie den Hauptschalter vor Instandhaltungsmaßnahmen auf „AUS“ (stromlos).
______	Verwenden Sie nur Original-Ersatzteile des Maschinenherstellers.
______	Tragen Sie Atemschutz bei gesundheitsgefährdenden Dämpfen und Gasen.
______	Ansaugungsanlagen sind auf ihre Leistungsfähigkeit zu überprüfen.
______	Vermeiden Sie Hautkontakt mit Kühlschmierstoffen.
______	Hydraulik-Schlauchleitungen in den vorgeschriebenen Zeitabständen auswechseln.
______	Für die Materialbeschickung Fördergerät benutzen. Bei Steighilfen besteht Absturzgefahr.

2. Übertragen Sie die Informationen und Anweisungen des abgebildeten Schmierplans einer Spritzgießmaschine mit Hilfe der Betriebsanleitung in die untenstehende Tabelle.

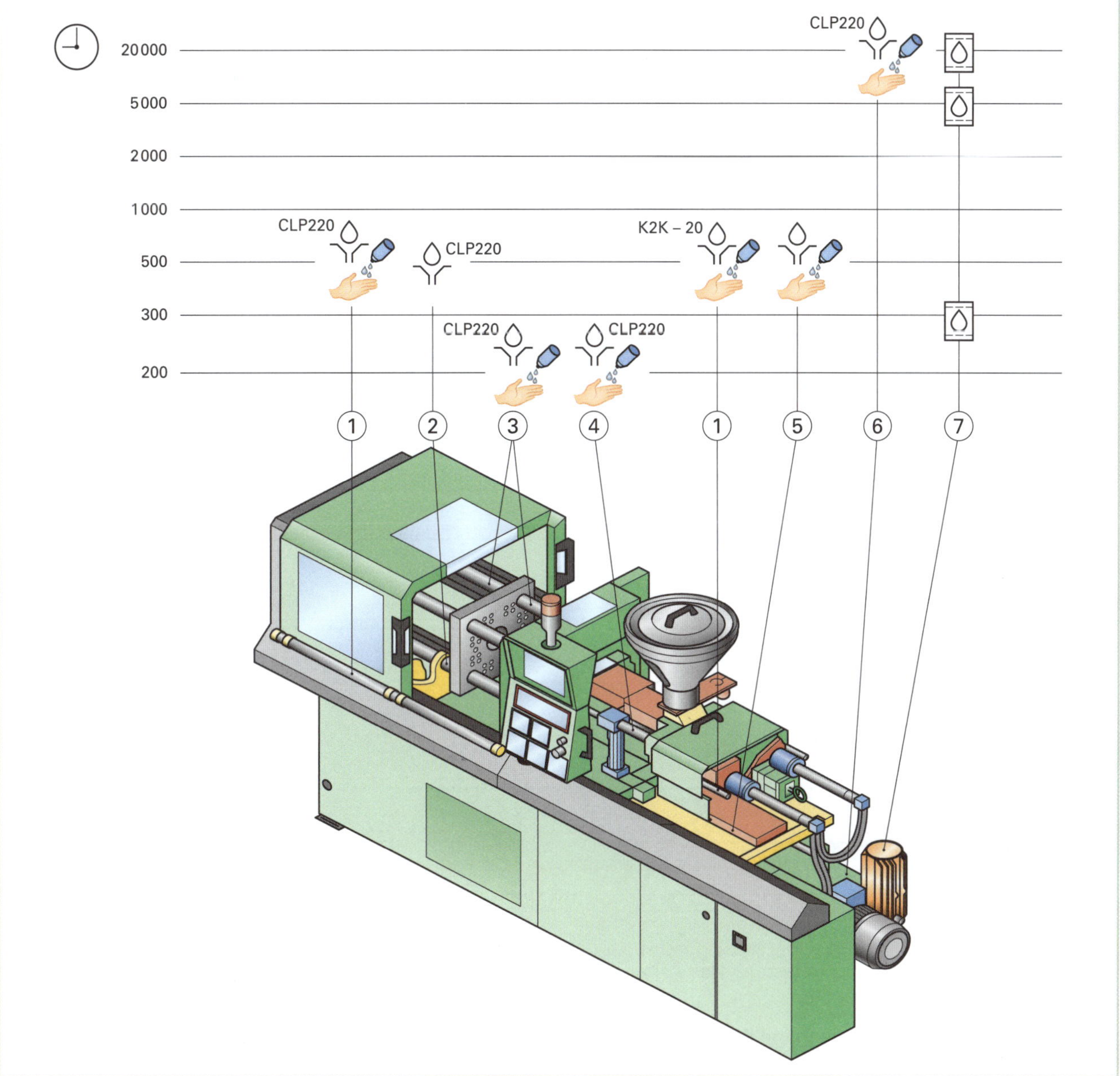

Nr.	Schmierstelle und Art der Schmierung	Intervall
1	Führungsstangen der ______	______
2	Nippel an der ______	______
3	Säulen der ______	______
4	Säulen der ______	______
5	Flachführungen ______	______
6	Hydrauliköl ______	______
7	Bei jedem Ölwechsel ______	______

3. Erklären Sie in der nachfolgenden Tabelle die Schmiermittelkurzbezeichnung mithilfe des Tabellenbuches.

Schmiermittel-bezeichnung		**Erklärung**
CGLP 220		
CL 68		
K2K-20		

4. Die Umweltbelastung und Belastung des Arbeitsplatzes spielen eine immer größere Rolle.
   - Worauf ist beim Umgang mit Kühlschmiermitteln zu achten?
     Die Informationen sind aus dem Internet zu ermitteln.

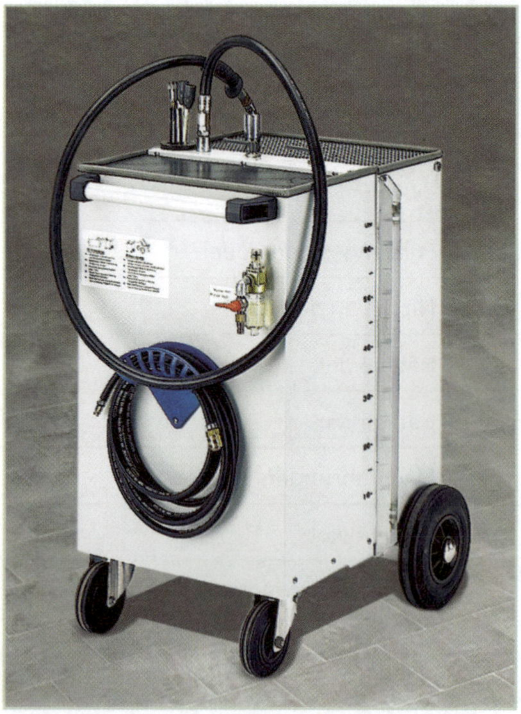

◆ Beschreiben Sie den Vorgang zum Wechseln des Kühlschmierstoffes mit einem dafür vorgesehenen Reinigungsgerät.

◆ Beschreiben Sie Maßnahmen, durch welche die Umwelt und der Arbeitsplatz geschont bzw. sicherer gemacht werden.

◆ Erfassen Sie den Anfall von Abfällen, Schmierstoffen usw., die an den Schulwerkstätten und Lehrwerkstätten anfallen und erarbeiten Sie ein Entsorgungskonzept. Machen Sie sich im Internet über entsprechende Maßnahmen der Lagerung und Entsorgung kundig.

anfallende Stoffe	mögliche Lagerungen	Entsorgung

5. Das Warten von Produktionsmaschinen schließt auch das regelmäßige Überprüfen bzw. das Austauschen von Bauelementen der Hydraulikanlage ein. Dazu gehören Leitungen, Schläuche und Verschraubungen, sowie Filter und das Entlüften von Hydraulikanlagen.

◆ Beschreiben Sie die Wartung für den dargestellten Ölfilter mithilfe der Betriebsanleitung.

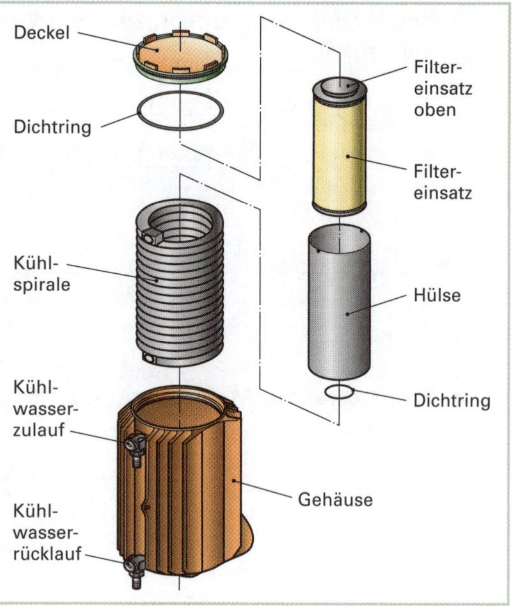

◆ Beschreiben Sie stichpunktartig das Entlüften der Hydraulikanlage mithilfe der Betriebsanleitung.

◆ Beschreiben Sie stichpunktartig die Arbeitsschritte für einen Ölwechsel an der Spritzgießmaschine und die Folgen des Einschlusses größerer Luftmengen.

Folgen:

6. Werten Sie die Vorgaben aus der Betriebsanleitung aus, um eine fachgerechte Sicherheitsprüfung durchführen zu können.

◆ Markieren Sie mit einem Textmarker wichtige Begriffe und Aussagen.

◆ Erstellen Sie schriftlich oder mit dem PC eine Anweisung für den Maschinenbediener zur Durchführung dieser Arbeiten. Binden Sie dabei die beiden Zeichnungen in Ihre Ausarbeitung ein.

◆ Werten Sie exemplarisch die Vorgaben aus den Auszügen der Betriebsanleitungen aus!

7. **Schließeinheit:**

Die Durchführung der Sicherheitsprüfung erfolgt über den Aufruf verschiedener Parameterbilder an der Steuerung. Nachdem das Menü „Ventile- und Schalteranzeigen" aufgerufen wurde, müssen die einzelnen Funktionstasten „Ventile Maschine", „Schutzschieber" und „Schutzschieber I" aufgerufen werden. In dieser Funktion sind danach folgende Bauteileinrichtungen zu überprüfen.

Die Vollständigkeit der Führungsstücke und die Leichtgängigkeit der Schutzschieber (Schließeinheit) sind zu prüfen, wobei die Sichtscheiben und Führungsstangen sicher befestigt sein müssen.

Der Sicherheitsschalter „Schutzschieber" muss jeweils aufleuchten und verlöschen, wenn der Schutzschieber öffnet und schließt. Es muss sichergestellt sein, dass die Schutzabdeckung der Schließeinheit vollständig montiert ist.

Nach der Sicherheitsprüfung ist dies schriftlich mit Angabe der Maschine, der Maschinen-Nr., dem Prüfdatum und der Unterschrift des Prüfers festzuhalten.

8. **Spritzeinheit:**

Die Durchführung der Sicherheitsprüfung erfolgt über den Aufruf verschiedener Parameterbilder an der Steuerung. Die Vorgehensweise ist entsprechend der Schließeinheit.

Die Bauteile sind danach folgendermaßen zu überprüfen:

Wird die Düsenabdeckung geöffnet, muss die entsprechende Position (z. B. 202) in der Steuerung aufleuchten und nach dem Schließen erlöschen. Das Betätigungselement, an der sich die Düsenabdeckung befindet, muss an der Aufnahme der Spritzeinheit einrasten.

Es ist darauf zu achten, dass während des Betriebes die Schneckenabdeckung vollständig geschlossen ist. Ist dies nicht erfüllt, muss in der Steuerung die entsprechende Position aufleuchten. Wenn die Schneckenabdeckung vollständig geschlossen ist, muss die Steckverbindung am beweglichen Blech einrasten.

Weiterhin müssen die Nutmuttern fest angezogen sein, die Bleche der Schneckenabdeckung sicher befestigt sein und die Abdeckungen am Plastifizierzylinder montiert sein. Wenn alle diese Funktionen erfüllt sind, dürfen die Maschinenbewegungen ausgeführt werden.

9. **Schlauchleitungen:**

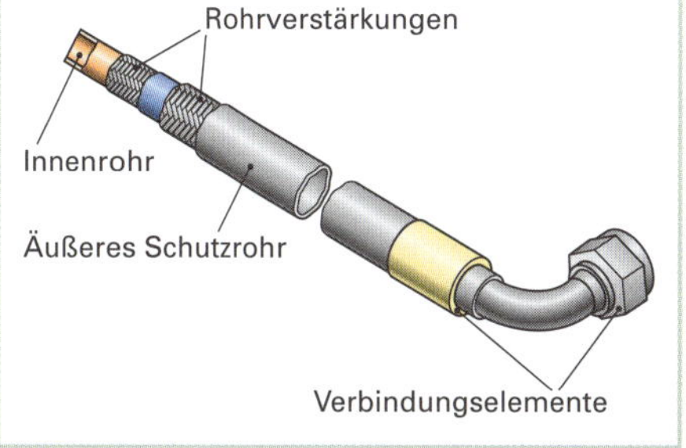

Alle Schlauchleitungen müssen vierteljährlich auf ihren arbeitssicheren Zustand überprüft werden. Dabei darf die Außenschicht nicht beschädigt, z. B. durch Scheuerstellen, nicht versprödet, z. B. Rissbildung und nicht verformt, z. B. Blasenbildung, sein. Die Schlauchleitung darf nicht undicht sein oder sich aus der Armatur lösen und die Armatur darf nicht beschädigt oder korrodiert sein.

Die Verwendungsdauer (siehe Herstelldatum auf der Schlauchgarnitur) darf nicht überschritten werden.

Grundsätzlich gilt:

- Verwendungsdauer sollte max. 6 Jahre ab Herstelldatum nicht überschreiten!
- Verwenden Sie nur Original-Ersatzteile!
- Halten Sie die ursprüngliche Einbaulage ein!
- Verändern Sie keine Schlauchführung oder Biegeradien!

10. Die Hydraulikanlage besteht im wesentlichen aus den Einzelkomponenten Behälter, Antriebsmotor, Pumpe, Filter, Druckanzeige, Druckbegrenzung, Absperrventil und Leitungen.

◆ Beschreiben Sie die Aufgaben der folgenden Bauteile:

Filter:

Absperrventil:

Druckbegrenzungsventil:

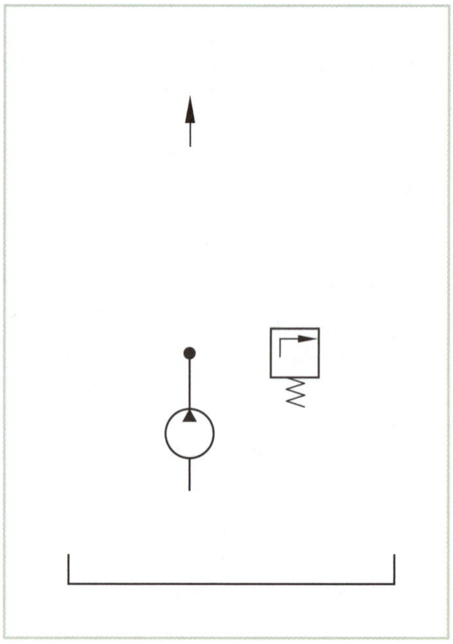

◆ Vervollständigen Sie den hydraulischen Schaltplan.

◆ Welche Kriterien müssen Sie beachten, wenn Sie eine Hydraulikpumpe auswählen sollen?

◆ Informieren Sie sich, welche Pumpe in Ihrer Hydraulikanlage der Spritzgießmaschine eingebaut ist und erstellen Sie eine Produktpräsentation mit dem zur Verfügung stehenden Bild- und Textmaterial.

◆ Entnahmegeräte für Spritzgießteile wie z. B. Angusspicker werden in der Regel mit Druckluft betrieben. Begründen Sie den Einsatz von Hydraulik und Pneumatik.

Hydraulik:

Pneumatik:

- Bestimmen Sie die Bauelemente einer Pneumatikanlage und deren Betriebsdruckbereich.

- Zeichnen Sie zum Vergleich zur oben dargestellten Hydraulikanlage den Aufbau einer Pneumatikanlage.

11. Steuerungstechnische Systeme können als Steuerung oder Regelung ausgeführt werden, wobei verschiedene Signalgrößen auf das System einwirken.

- Ordnen Sie den beiden Blockschaltbildern folgende Begriffe zu:
Steuerung, Regelung, Stellgröße *y*, Signalgeber, Stellglied, Regelstrecke, Regelgröße *x*, Istwert-Erfassung, Sollwert, Istwert, Steuergröße, Steuerstrecke

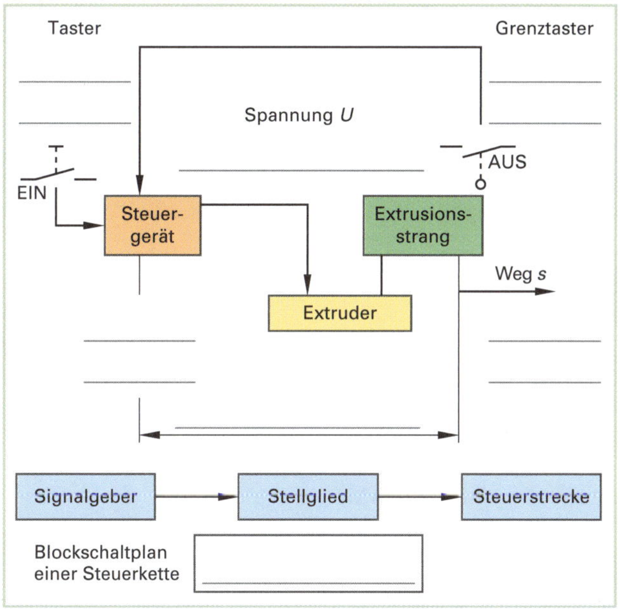

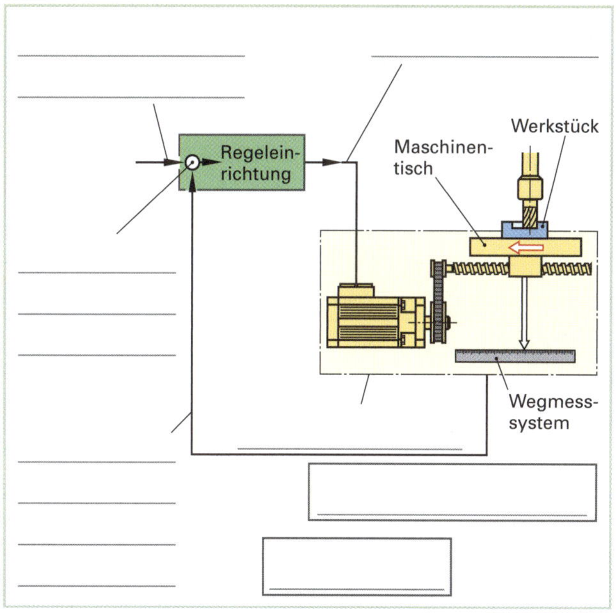

- Wie unterscheiden sich Steuerungen von Regelungen im Wirkungsablauf und der Istwert-Erfassung?

12. Bei Spritzgießmaschinen werden die Werkstücke sehr oft durch pneumatisch gesteuerte Anlagen entnommen, weitergeleitet und konfektioniert. Die Steuerung wird dabei nach dem **EVA-Prinzip** projektiert.

◆ Erklären Sie das EVA-Prizip!

◆ Tragen Sie in den Schaltplan die Fachbegriffe für die einzelnen Bauelemente und Leitungen ein!

◆ Zeichnen Sie den Signalfluss ein und stellen Sie die Druck-, Arbeits- und Steuerleitungen verschiedenfarbig dar!

◆ Durch die Schaltstellung der Ventile wird die Durchflussrichtung der Druckluft bestimmt, wobei die Ventile als Symbole im Schaltkreis dargestellt werden.

Ergänzen Sie das Symbol durch die nachfolgenden Begriffe und bestimmen Sie die Kurzbezeichnung!

Ruhestellung, Schaltstellung, Druckanschluss, Betätigungsart, Federrückstellung, Entlüftung

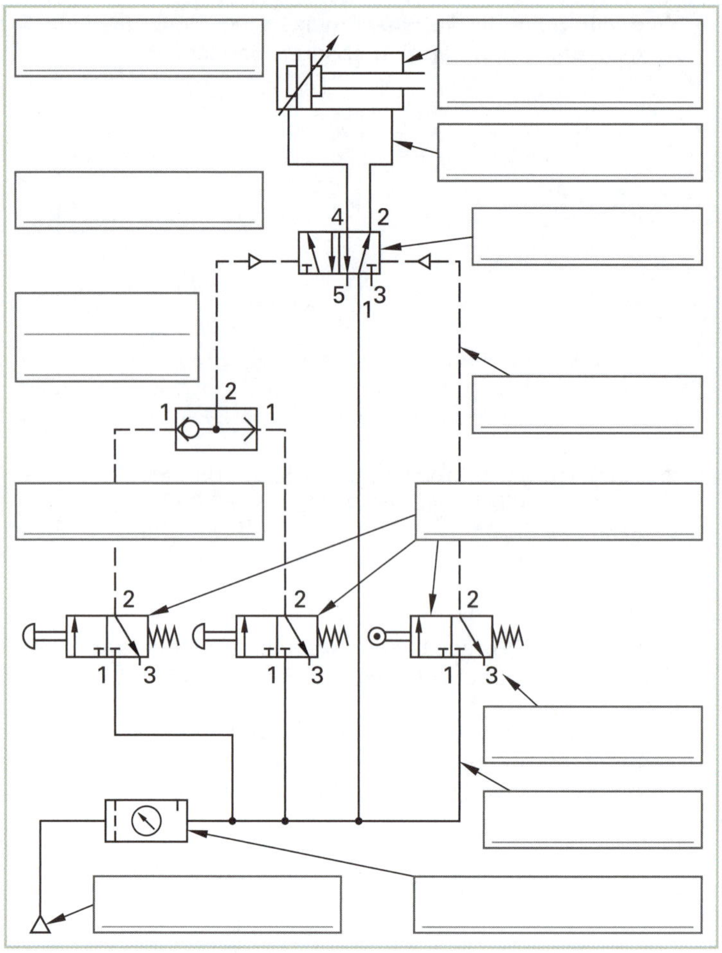

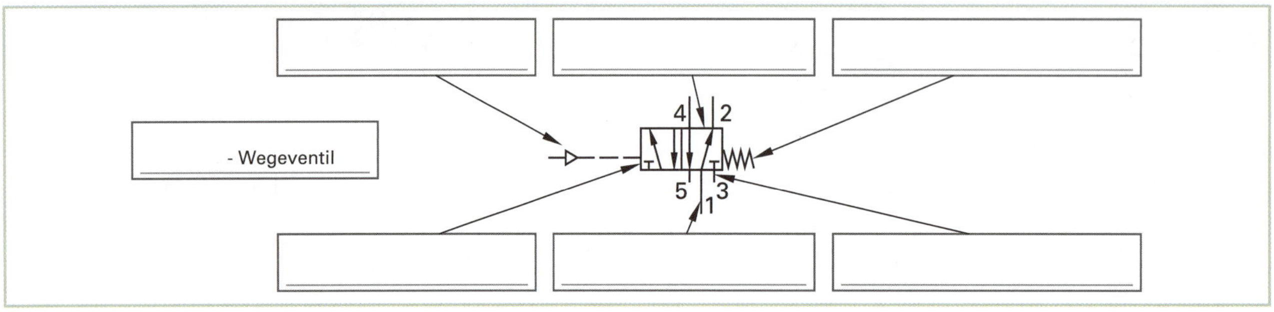

◆ Zeichnen Sie für die Ventilbeschreibungen die Symbole und beschriften Sie die Anschlüsse!

3/2-Wegeventil mit Tasterbetätigung und Federrückstellung		**5/3-Wegeventil mit beidseitiger Druckluft- und Federrückstellung**	
5/2-Wegeventil mit beidseitiger Druckluftbetätigung		**3/2-Wegeventil mit Rollenbetätigung und Federrückstellung**	
2/2-Wegeventil mit Raste, Federrückstellung und gesperrter Ruhestellung		**4/2-Wegeventil mit Feder- und Elektromagnetbetätigung**	

◆ Erklären Sie die Aufgabe des Steuerelements zur Signalverarbeitung!

◆ Warum reicht die Verbindung mittels eines T-Stückes anstelle des Wechselventils nicht aus?

◆ Erstellen Sie einen Schaltplan für einen einfachwirkenden Zylinder, der über eine ODER-Verknüpfung direkt betätigt wird und beschriften Sie diesen vollständig!

◆ Erstellen Sie einen Schaltplan für einen doppeltwirkenden Zylinder, der über eine ODER-Verknüpfung indirekt betätigt wird und beschriften Sie diesen vollständig!

◆ Der Schaltplan zur Aufgabe 11 auf Seite 124 soll für eine Stanze eingesetzt werden. Welche Gefahr besteht bei dieser Ausführung?

◆ Die Sicherheit erfordert eine Zweihandbedienung, die den Einsatz eines Zweidruckventils (UND-Glied) erfordert. Erstellen Sie dazu einen Schaltplan für einen doppeltwirkenden Zylinder, der mittels federrückstellbarem Stellglieds ausfährt!

◆ Warum müssen die beiden Signalglieder die gleiche Ruhestellung und den gleichen Druck besitzen?

◆ Wie kann die Zweihandbedienung auch ohne Verwendung eines Zweidruckventils bewerkstelligt werden? Zeichnen Sie dazu die Lösung!

13. Material- und Farbenwechsel des Rohmaterials setzt einen sauberen Plastifizierzylinder und eine gereinigte Schnecke voraus. Nur so können die neuen Teile qualitativ hochwertig produziert werden.

◆ Nennen Sie die Folgen unzureichender Reinigung.

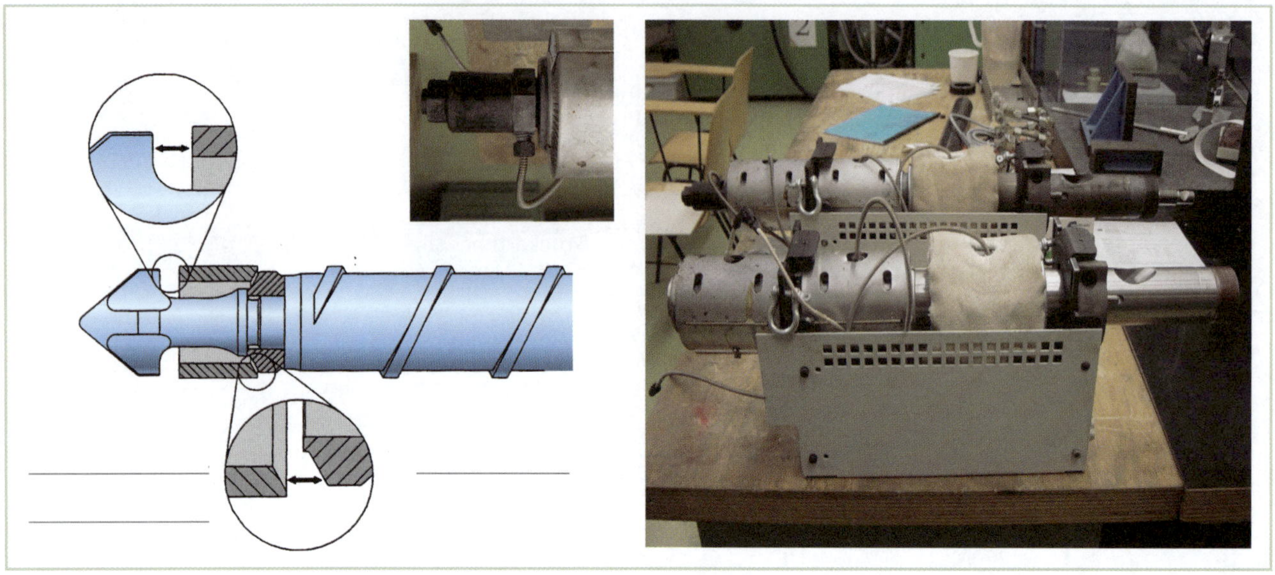

◆ Erstellen Sie einen Reinigungsplan mit Sicherheitshinweisen für den Maschinenbediener.

14. Um die hohen Kräfte beim Spritzgießen zu erreichen, ist mit hohen Drücken zu arbeiten. Diese Drücke werden mithilfe von Manometern abgelesen.

◆ Erklären Sie die Funktion des Manometers!

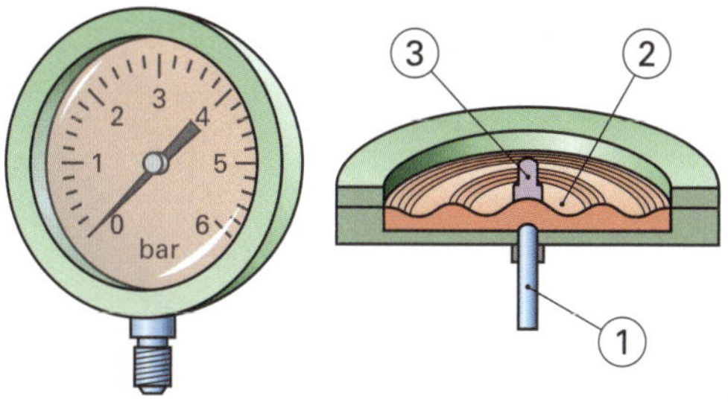

◆ Man unterscheidet in der Hydraulik und Pneumatik drei Druckarten. Definieren Sie diese und stellen Sie diese in der Grafik dar!

◆ Zeichnen Sie einen Differenzdruck in die Grafik ein, bei dem ein positiver Überdruck und ein negativer Überdruck (Unterdruck) von einem halben atmosphärischen Druck vorliegt!

Absoluter Druck p_{abs}

Atmosphärischer Druck p_{amb}

Überdruck p_e

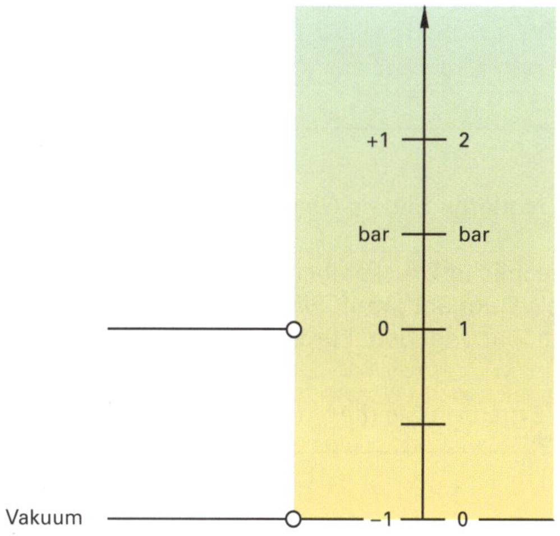

15. Der Befülltrichter für die Spritzgießmaschine ist mit einer Füllstandanzeige ausgestattet, d. h. bei ungenügendem Füllstand leuchtet eine rote Lampe auf. Die Steuerung wird wie auch bei Computern, Stereoanlagen u. a. mit Schutzkleinspannung betrieben.

◆ Was bedeutet der Begriff „Schutzkleinspannung"?

◆ Welche Spannung und Stromstärke werden für den Menschen gefährlich?

Spannung: **Stromstärke:**

◆ Erklären Sie die Begriffe „elektrischer Strom" und „elektrische Spannung".

Elektrischer Strom:

Elektrische Spannung:

16. In pneumatischen Steuerungen ist die Luft der Energieträger. Sie wird aus dem die Erde umgebenden Luftmantel gewonnen. In der Pneumatikanlage wird die Luft komprimiert, aufbereitet und den Aktoren zugeführt.

◆ Ergänzen Sie die Übersicht zu den physikalischen Druckgrößen!

Druckart	Formelzeichen	Beschreibung
Luftdruck		
Überdruck/ Unterdruck		
Absoluter Druck		

◆ Notieren Sie die Gleichung zur Berechnung des absoluten Drucks!

Gebräuchliche Druckeinheiten sind Pascal (Pa) und Bar (bar), Teile bzw. Vielfache von ihnen. Drücke werden aber auch als Quotient „Kraft/Fläche" bzw. im angloamerikanischen Raum als „pound per square inch" („Pfund pro Quadratzoll") angegeben. Für Überschlagsrechnungen hinreichend genau: 1 psi ≈ 96 mbar

◆ Ergänzen Sie die Umrechnungen für die Druckeinheiten!

1 Pa = $\frac{N}{m^2}$ = bar	1 bar = $\frac{N}{cm^2}$ = mbar = hPa

◆ Berechnen Sie jeweils den Überdruck p_{e1} bzw. p_{e2}, wenn:

- in einem Autoreifen ein Druck p_{abs1} = 3,4 bar herrscht;
- in der Zuleitung zu einem Sauggreifer eines Handlinggerätes ein Druck p_{abs2} = 0,6 bar gemessen wird!

Stellen Sie $p_{e1;2}$ und $p_{abs1;2}$ grafisch dar (p_{amb} = 1,0 bar)!

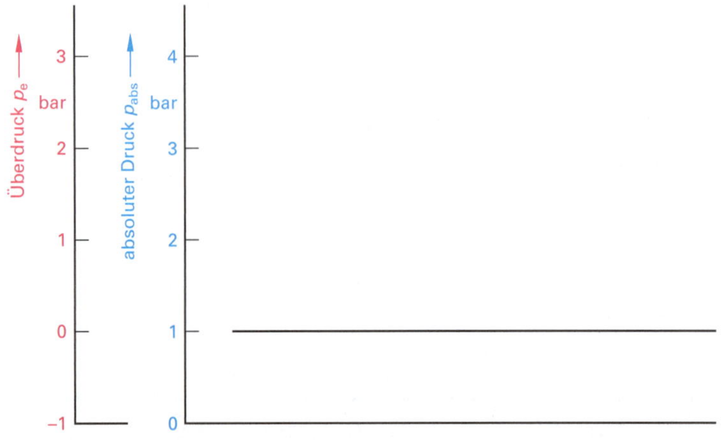

17. Bei der im Bild dargestellten Spritzgießmaschine erfolgen die Fahrbewegungen der Schließ- und Spritzeinheit durch Hydraulikzylinder. Ihr Vorteil ist, dass die Bewegungen sehr gleichmäßig ausgeführt werden können und die Geschwindigkeit stufenlos eingestellt werden kann.

Die Durchflussgeschwindigkeit des Hydrauliköls in den Zuleitungen darf bestimmte Grenzwerte nicht überschreiten, um Reibungsverluste möglichst klein zu halten.

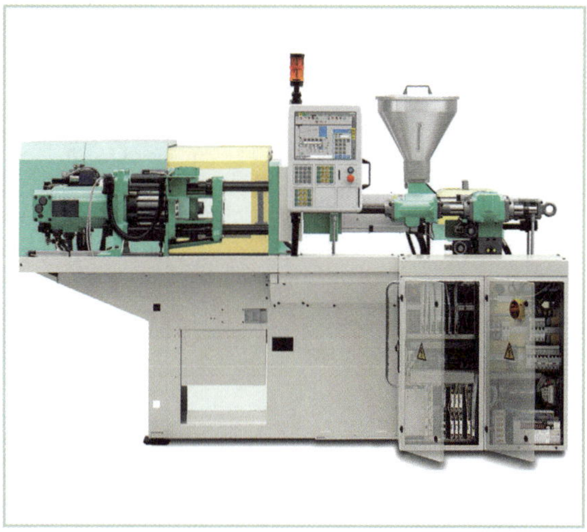

◆ Geben Sie die Gleichung zur Berechnung der Kolbengeschwindigkeit und deren Einheiten an!

Gleichung	Einheiten

◆ Berechnen Sie für die dargestellten Hydraulikzylinder die Kolbengeschwindigkeiten in m/min beim Aus- und Einfahren!

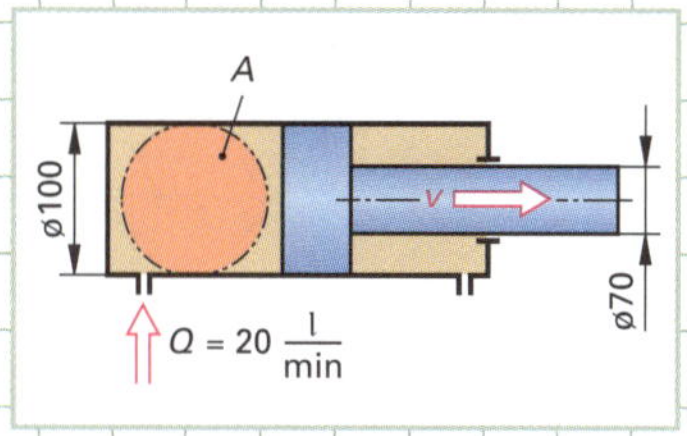

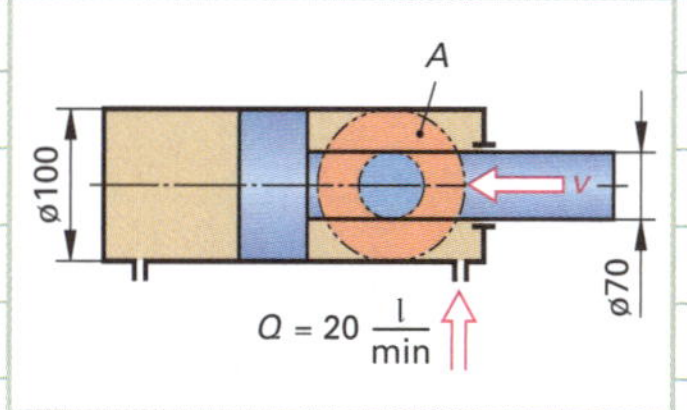

Welche Erkenntnis ziehen Sie aus dem Vergleich der Kolbengeschwindigkeiten v_1 und v_2?

Auf gleiche Weise kann die Durchflussgeschwindigkeit von Flüssigkeiten durch Rohrleitungen berechnet werden.

◆ Die Zahnradpumpe liefert einen Volumenstrom von Q = 50 l/min. Wie groß muss der Innendurchmesser d in mm der Rohrleitung mindestens gewählt werden, damit die zulässige Durchflussgeschwindigkeit v = 3 m/s nicht überschritten wird?

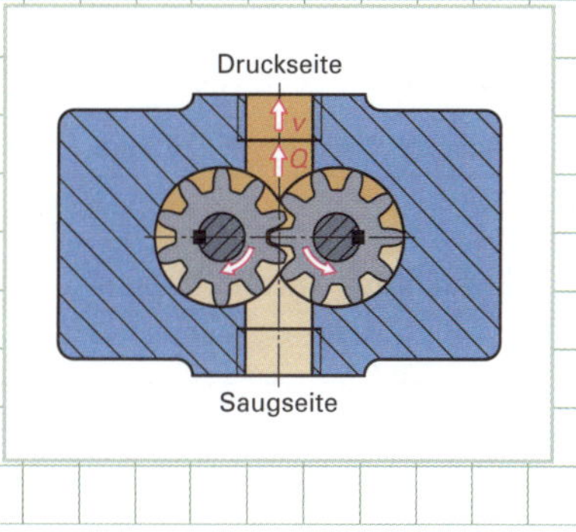

18. Stellen Sie die Formeln für die Stromstärke I, der Spannung U und dem Widerstand R mit Einheiten dar, ergänzen Sie die Werte für die Stromstärke bei einem Widerstand von 80 Ω und stellen Sie die Kennlinie für diesen Widerstand dar.

U in V	I in A
0,8	
1,0	
1,6	
2,0	
2,4	

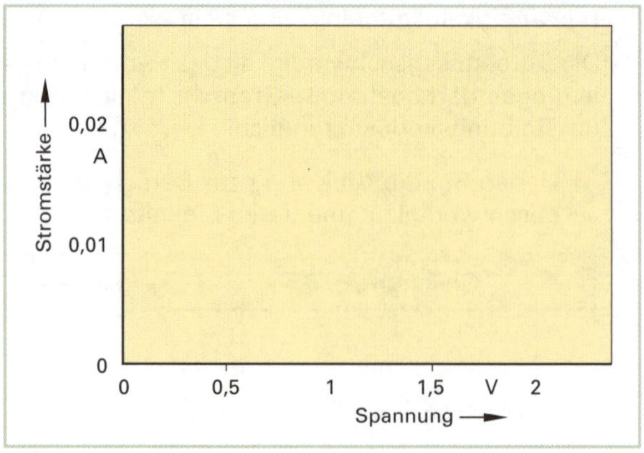

19. Beim Umgang mit elektrischen Geräten und Warten von elektrischen Anlagen geschehen häufig lebensgefährliche Unfälle. Welche Sicherheitsregeln müssen unbedingt beachtet werden?

20. Isolationsfehler führen bei elektrischen Anlagen zu Kurzschluss, Erdschluss und Körperschluss. Beschreiben Sie, wodurch ein Kurzschluss bzw. Erdschluss in den vorliegenden Fällen ausgelöst wird und zu welchen Folgen dies führen kann.

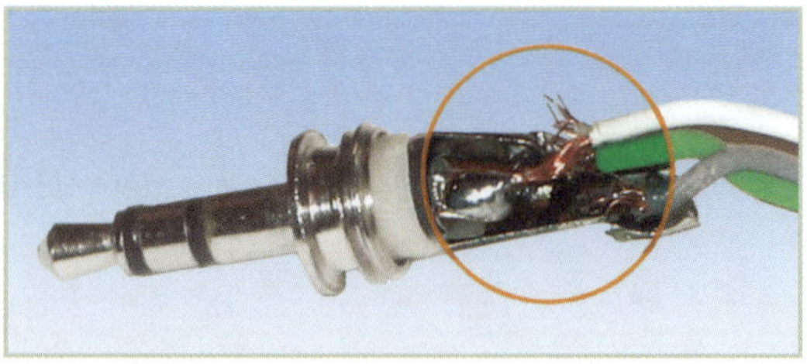

Kurzschluss durch:

Folgen:

Körperschluss durch:

Folgen:

Erdschluss durch:

Folgen:

21. Erstellen Sie eine Powerpoint-Präsentation über die Gefahren beim Umgang mit elektrischen Geräten unter Beachtung entsprechender Sicherheitsregeln.

22. Ein wesentlicher Teil der Produktionskosten sind die Energiekosten. Im Technikum werden verschiedene Spritzgießmaschinen am Tag unterschiedlich lange betrieben.

- Erfassen Sie die Leistungsmerkmale aller vorhandenen Maschinen.
- Ermitteln Sie den durchschnittlichen Einsatz jeder Maschine während eines Schultages.

Spritzgießmaschine 1:	______ kW	______ A	______ V	______ h
Spritzgießmaschine 2:	______ kW	______ A	______ V	______ h
Spritzgießmaschine 3:	______ kW	______ A	______ V	______ h
Spritzgießmaschine 4:	______ kW	______ A	______ V	______ h

ALLROUNDER		**276S350**
Maschinennummer	Serial No.	**173732**
Baujahr	Manufactured	1998
Betriebsspannung	Operating Voltage	400 V 50 Hz
Steuerspannung	Control Voltage	230 V 50 Hz
Steuerspannung	Control Voltage	24 V
Nennstrom Mot.-Heiz.	Mot.-Heat. Rated current	37 A 5A
Gesamtnennstrom	Total Rated current	42 A
Gesamtanschluss	Total connected	24 kW

- Erkundigen Sie sich über die Kosten für eine Kilowattstunde.
- Berechnen Sie die Energiekosten für einen Monat.

______________ €/kWh

23. Umweltbewusstes Arbeiten bedeutet auch nach Einsparungsmöglichkeiten von Energie zu suchen. Eine Isolierung der Spritzeinheit stellt eine solche Maßnahme dar. Untersuchen Sie, wann sich eine Isolierung bezahlt macht, wenn die Kosten für eine Isolierung 92 € betragen und bei einem zehnstündigen Betrieb durch die Isolierung 23 kWh eingespart werden. Nach wie viel Stunden hat sich die Investition amortisiert?

Versuche und Übungen

1. Durch die Verwendung von Messgeräten mit dem VDE-Zeichen wird Sicherheit gewährleistet. Der richtige Umgang mit diesen Messgeräten verhindert die Zerstörung bzw. Messfehler.

   ◆ Bestimmen Sie die einzelnen Funktionen des Messgerätes mithilfe der Betriebsanleitung!

   ① ______________________

   ② ______________________

   ③ ______________________

   ④ ______________________

   ⑤ ______________________

   ⑥ ______________________

   ⑦ ______________________

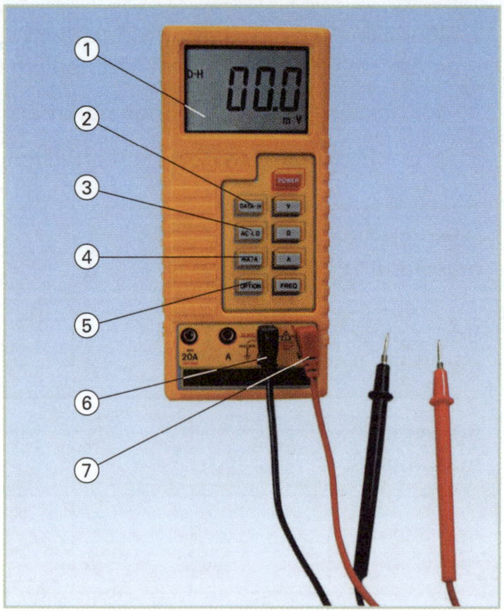

   ◆ Welche 3 wichtigen Regeln müssen vor und während des Messens beachtet werden (vergleiche Betriebsanleitung)?

   ____

   ____

   ____

2. Der Stromkreis einer elektrischen Anlage ist aus einzelnen Bauteilen aufgebaut. Ordnen Sie die gegebenen Begriffe den Bauteilen zu!

   ① Spannungsquelle

   ② Verbraucher

   ③ Leiter

   ④ Schalter

   ⑤ Messgerät für Spannung oder Stromstärke

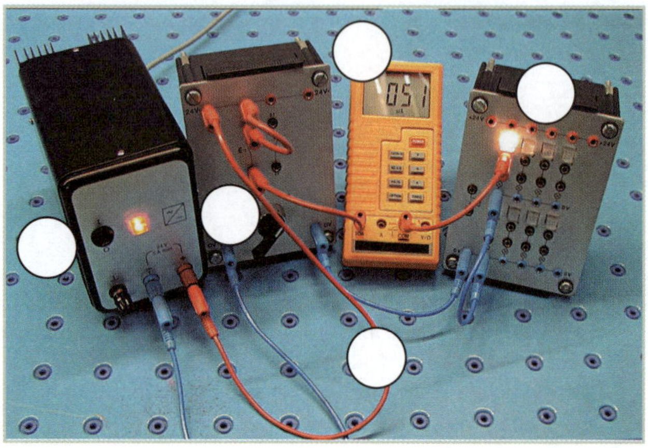

Benutzen Sie nur isoliertes Werkzeug! Verkabeln Sie nur bei abgeschalteter Spannungsquelle! Sie dürfen als Nichtelektriker nur im Bereich bis 24 V arbeiten!

3. Die elektrische Anlage wird im Schaltplan mit Symbolen dargestellt. Zeichnen Sie für die obige Anlage den Schaltplan und beschriften Sie ihn fachgerecht!

   ◆ Bauen Sie die dargestellte Schaltung auf und schließen Sie das Messgerät fachgerecht an!

   ◆ Stellen Sie den Regler für die Spannung *U* auf 6 Volt und schalten Sie das Netzgerät ein!

Schaltplan

4. Im elektrischen Stromkreis stehen die Spannung U, die Stromstärke I und der Widerstand R in gegenseitiger Abhängigkeit. In 2 Versuchsreihen soll der jeweilige Einfluss untersucht werden.

Ohmsches Gesetz $I = \frac{U}{R}$

Stromstärke I

- Stellen Sie die Spannung U am Stromversorgungsgerät-gerät auf 12 V ein!
- Berechnen Sie die Stromstärke I für die verschiedenen Widerstände R im Diagramm A!
- Messen Sie die jeweilige Stromstärke I und formulieren Sie die Ergebnisse!

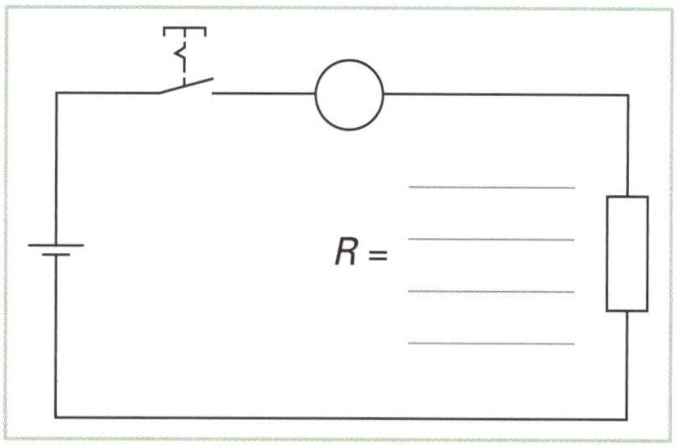

Erkenntnisse:

Spannung U

- Klemmen Sie in dem dargestellten Stromkreis Ihr Messgerät parallel zum Verbraucher und stellen Sie den Regler am Stromversorgungsgerät auf 20 mA ein!
- Regeln Sie die Stromstärke I jeweils auf die im Diagramm gegebenen Werte ein und messen Sie die dabei vorliegende Spannung U!
- Berechnen Sie die Spannung U der einzelnen Stufen!
- Formulieren Sie die Abhängigkeit der Stromstärke I!

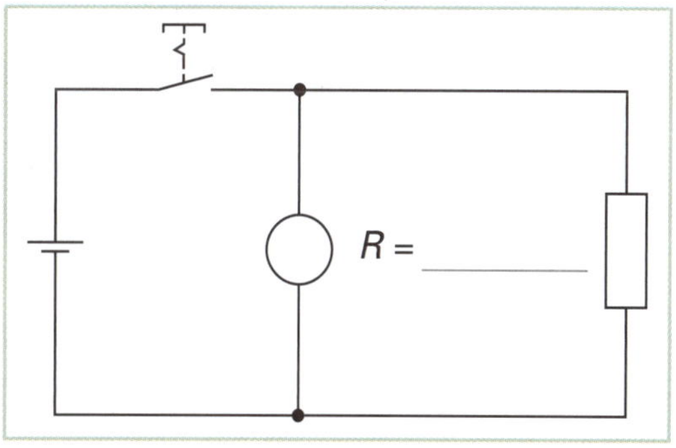

Erkenntnisse:

- Übertragen Sie die Versuchsergebnisse in die beiden Diagramme und verbinden Sie die Messpunkte!

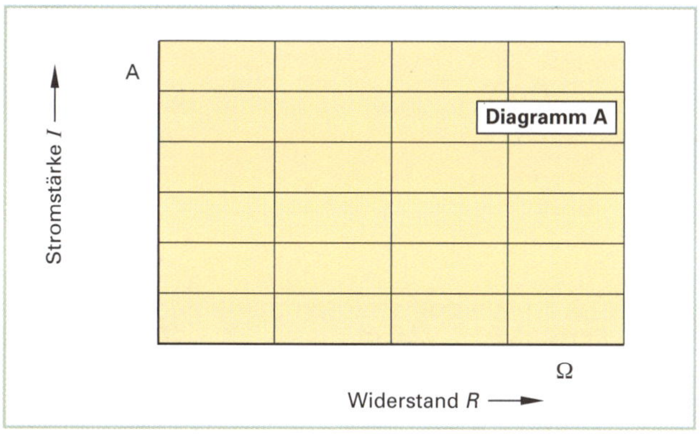

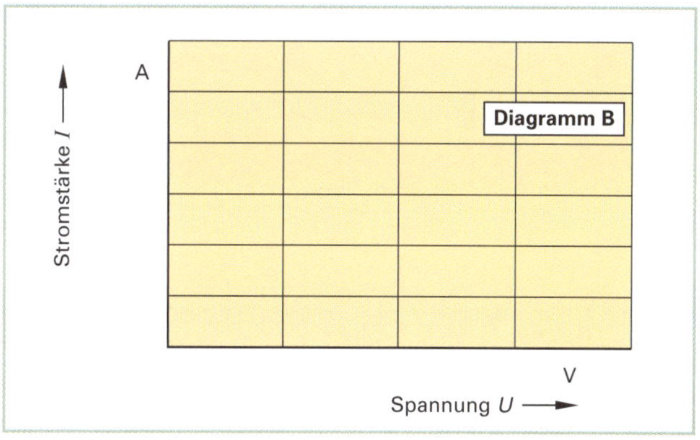

- Bauen Sie die Schaltung auf und messen Sie die Spannung an den 3 vorgegebenen Stellen!

Messstelle	1	2	3
Spannung U			

Erkenntnisse:

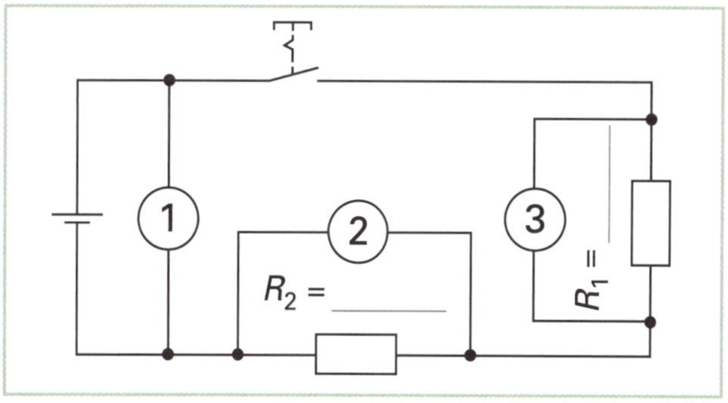

Elektrischer Stromkreis – Reihen- und Parallelschaltung

1. Die Anordnung der Verbraucher wird von deren Aufgabe im Schaltkreis bestimmt.
   - Stellen Sie die Schaltungen in einem Schaltplan dar!
   - Bauen Sie die Schaltungen auf!
   - Bei welcher Schaltung führt der Defekt einer Lampe zum Komplettausfall?

2. Bauen Sie die Reihenschaltung nach dem vorliegenden Schaltplan auf, messen Sie die Stromstärke I_1 und I_2 sowie die Spannungen U_1 und U_2 und bestimmen Sie die Gesetzmäßigkeiten!

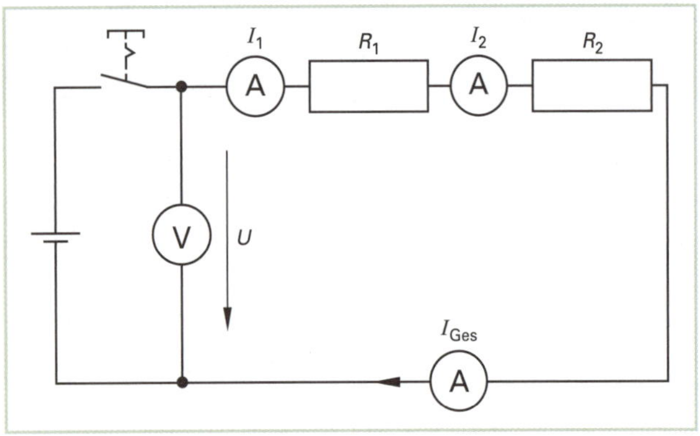

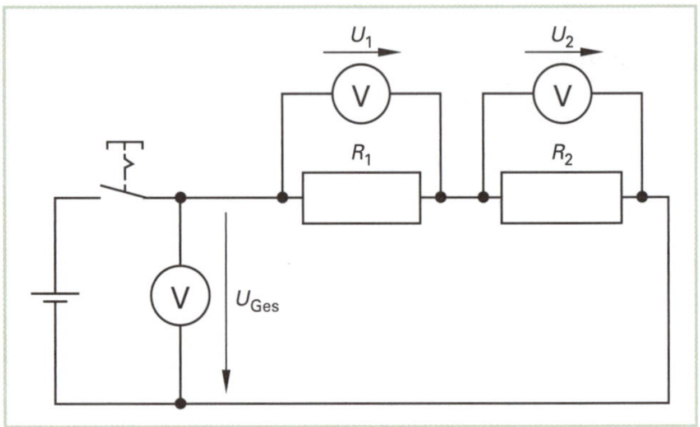

U_{ges} in V	I_1 in A	I_2 in A
6		
8		
10		
12		

U_{ges} in V	U_1 in V	U_2 in V
6		
8		
10		
12		

Erkenntnisse:

3. Bauen Sie die Parallelschaltung nach dem vorliegenden Schaltplan auf und untersuchen Sie die Abhängigkeiten der Spannung *U* von den eingebauten Widerständen *R*!

- Stellen Sie den Regler am Stromversorgungsgerät auf 6 V und messen Sie die Spannung *U* an den einzelnen Widerständen und tragen Sie die Werte in die Tabelle ein!
- Wiederholen Sie die Messungen für 8 V, 10 V und 12 V!

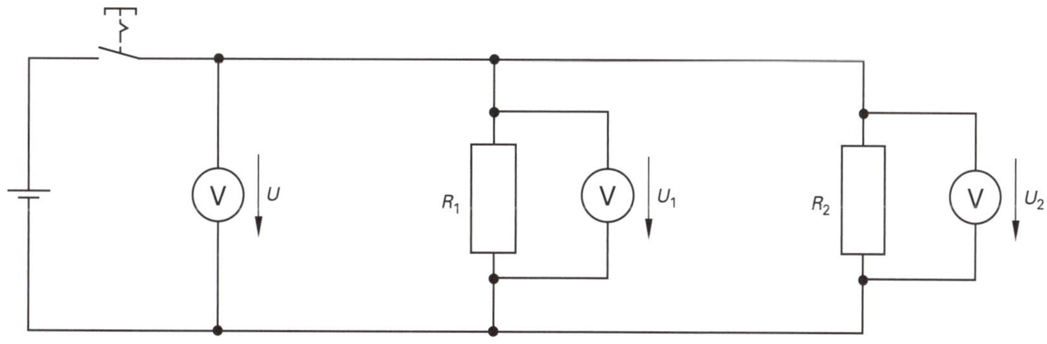

U in V	U_1 in V	U_2 in V
6		
8		
10		
12		

Erkenntnisse:

4. Untersuchen Sie die Abhängigkeit der Stromstärke I von den Widerständen in der Parallelschaltung! Schließen Sie dazu Ihr Messgerät wie dargestellt an und messen Sie die jeweilige Stromstärke I bei den in der Tabelle gegebenen Spannungen *U*!

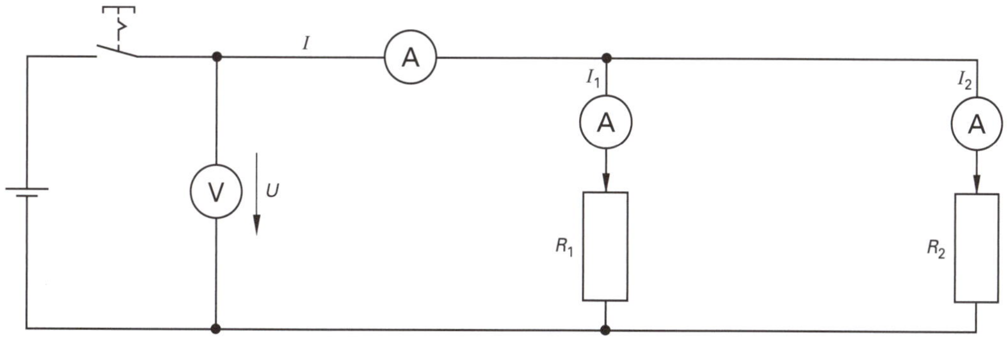

U in V	I in A	I_1 in A	I_2 in A
6			
8			
10			
12			

Erkenntnisse:

Firmenverzeichnis mit Internetadressen

Die nachfolgend aufgeführten Firmen bzw. Organisationen unterstützten die Autoren bei der Erarbeitung des Arbeitsheftes durch Beratung und Bereitstellung von verschiedenen Unterlagen und Bildern. Die Autoren und der Verlag bedanken sich herzlich für die Unterstützung.

ANCA GmbH
68167 Mannheim
www.anca.com

Arburg GmbH & Co. KG
72290 Loßburg
www.arburg.de

BSZ für Technik III „Richard Hartmann"
09120 Chemnitz
www.rhs-chemnitz.de

Coperion Werner & Pfleiderer GmbH & Co. KG
70466 Stuttgart
www.coperion.com

Dr. Gühring KG
09247 Chemnitz-Röhrsdorf
www.drguehring.de

DURST Filtertechnik GmbH
74354 Besigheim
www.durst-filtertechnik.de

*** ELEKTRA TAILFINGEN Schaltgeräte GmbH Co. KG ***
72436 Albstadt
www.elektra-tailfingen.de

Fachschule für Kunststofftechnik des Landkreises Hof
95111 Rehau
www.bs-hof.de

Henkel Loctite Deutschland GmbH
81925 München
www.loctite.de

Horst Oehlgass GmbH
79350 Sexau
www.Oehlgass.de

Illig Maschinenbau GmbH & Co. KG
74081 Heilbronn
www.illig.de

KERN & SOHN GmbH
72336 Balingen-Fromern
www.kern-sohn.com

*** KNIPPING Systemtechnik GmbH ***
07806 Weira
www.knipping-systemtechnik.de

*** KPS Kunststofftechnik Scheibenberg GmbH ***
09481 Scheibenberg/ Erzgebirge
www.kps-kunststoffe.de

Mann + Hummel GmbH
96515 Sonneberg
www.mann-hummel.com

Mahr Kundenzentrum Berlin/Chemnitz
09204 Limbach-Oberfrohna
www.mahr.com

Physikalisch-Technische Bundesanstalt
38116 Braunschweig
www.ptb.de

Rehau AG + Co
95104 Rehau
www.rehau.com

Skala Messzeuge GmbH
73265 Dettingen/ Treck
www.skala-mess.de

Staatliche Berufsbildende Schule Sonneberg
96515 Sonneberg
www.sbbs-son.de

Stanley Deutschland GmbH
28199 Bremen
www.stanleyworks.de

*** Torwegge GmbH & Co. KG ***
08371 Glauchau
www.torwegge.de

V-G-Kunststofftechnik GmbH
09131 Chemnitz
www.vg-kunst.de

Die Übungsstücke für die durchzuführenden praktischen Messaufgaben der Lernfelder können von den mit * gekennzeichneten Unternehmen lt. Firmenverzeichnis bestellt werden.